U0169232

河北省社会科学基金项目（项目批准号：HB23ZL014）

潮河漕运考证

田顺凯 著

中国文史出版社
CHINA CULTURAL AND HISTORICAL PRESS

图书在版编目（CIP）数据

溯河漕运考证 / 田顺凯著. -- 北京 : 中国文史出版社，2023.7

ISBN 978-7-5205-4267-8

Ⅰ. ①溯… Ⅱ. ①田… Ⅲ. ①流域－漕运－研究－河北 Ⅳ. ①F552.9

中国国家版本馆CIP数据核字(2023)第166089号

责任编辑：金 硕

出版发行：中国文史出版社
地　　址：北京市海淀区西八里庄路69号　　邮编：100142
电　　话：010－81136606/6602/6603/6642（发行部）
传　　真：010－81136655
印　　装：唐山三艺印务有限公司
经　　销：全国新华书店
开　　本：787×1092　　1/16
印　　张：18
字　　数：180千字
版　　次：2023年10月北京第1版
印　　次：2023年10月第1次印刷
定　　价：128.00元

卷首语

这部学术著作，为溯源曹妃甸历史文化，提供了重要的史证画卷，为曹妃甸文旅事业发展，添上了浓墨重彩的一笔。

曹妃甸区地处环渤海中心地带，面向东北亚，毗邻京津冀城市群，其贯青溯而襟渤海，为古老溯河入海之滨。

溯河入海口，古称“蚕沙河口”，位于今曹妃甸新城。蚕沙河口，据要津，通漕运，曾是唐宋以来海上丝绸之路渤海湾北路航线入京东、辽西的必经之口，亦是元代以来海河转运重要枢纽，古代“海运多避风于此”。

溯河，古有“铜帮铁底运粮河”之称，溯河漕运，源远流长。

党的十八大以来，习近平总书记多次在不同场合阐述中华优秀传统文化的意义，党的二十大明确指出“传承中华优秀传统文化”，“坚持以文塑旅、以旅彰文，推进文化和旅游深度融合发展”。发掘曹妃甸历史文化，推进文化和旅游深度融合发展，是时代赋予我们的重任。曹妃甸区委、区政府适时推进历史文化发掘，扣上了新时代的脉搏。

以史为鉴，可知兴替。曹妃甸有着辉煌的历史，也一定会有更美好的未来。

曹妃甸由海而生，依港而兴。今日之曹妃甸，巨轮游弋，已成北方航运重要增长极。放眼世界，曹妃甸正以开放的姿态，聚集转型动能，释放创新活力，在唐山“三个努力建成”中，阔步前行。

此间，繁荣发展曹妃甸文旅事业和文化产业，当是我们共同的使命。

齐瑞东

2023 年 5 月 30 日

本文作者系曹妃甸区文化

广电和旅游局党组书记兼局长

序　一

姚义纯

我与作者田顺凯相识，缘于溯河漕运。

2021年秋，在曹妃甸，一次偶然的聚会，我结识了顺凯先生，席间，他谈及溯河漕运的过往，可谓如数家珍。这之后，我们多有微信往来，顺凯先生对于其家乡历史文化的情怀和执着，令人钦佩。

2022年春节刚过，我和顺凯先生相约在北京曹妃甸国际职教城，我们畅叙友谊，共谋发展。北京曹妃甸国际职教城由中国保信集团和曹妃甸发展投资集团共同投资建设，旗下现有曹妃甸职业技术学院、唐山海运职业学院两所大学，在校生3万余人。而溯河位于职教城的东侧，与职教城直线距离约1公里，由北向南直流入海。座谈期间，顺凯先生阐释了溯河源流，讲述了溯河漕运在秦汉至辽金元历史演变中发挥的作用，介绍了溯河流域在千年溯河漕运活动中伴生的文化现象，提出了发掘溯河漕运历史文化及文化溯源、文化赋能、文化滋养的“三步走”战略。我赞同顺凯先生的想法，建议唐山海运职业学院将溯河漕运历史文化的发掘与保护列入课题研究计划。这一决定，得到了曹妃甸区委、区政府的高度重视和支持。

近日，顺凯先生携其《溯河漕运考证》书稿来京，恳言请我为之作序。对于这部作品的出版，我是很期待也很重视的，故而欣然接受。

漕运是经济，也是政治；漕运是历史，也是文化。读《溯河漕运考证》，我有这样的感受。溯河的入海口在曹妃甸，曹妃甸的蚕沙河口曾是古代海漕之海河转运枢纽；溯河入海的曹妃甸段，至今遗存着天妃宫、古戏楼、元兵墓、古沉船等一系列元代漕运古迹；溯河的入海口蚕沙河口，是海上丝绸之路联结草原丝绸之路的重要节点，这一节点，曾经“米艚商船，昼旗夜盏，江浙商贾，往来不绝”，中国古代海上丝绸之路创下的海洋经济观念、和谐共荣意识、多元共生理念，曾经在这里升华。拜读大作，不禁让人对曹妃甸深厚的历史文化刮目相看。

这部作品，以文字介绍和图片资料联璧展现溯河漕运历史，使溯河漕运的历史活动更形象、更真实、更具可读性。顺凯先生在学术研究中认真负责之严谨态度，令人欣慰。书中所列支撑溯河漕运研究的相关历史遗存，更是一笔丰厚的历史文化资源，当陈列展出，以弘扬历史文化，赋能区域文旅事业发展。

党的十八大以来，习近平总书记多次在不同场合阐述中华优秀传统文化的意义：“中华民族在几千年历史中创造和延续的中华优秀传统文化资源，是中华民族的根和魂。”“要系统梳理传统文化，让收藏在禁宫里的文物、陈列在广阔大地上的遗迹、书写在古籍里的文字都活起来。”党的二十大亦将“传承中华优秀传统文化”写进全会报告，明确了“坚持以文塑旅、以旅彰文，推进文化和旅游深度融合发展”工作方针。

唐山海运职业学院深知使命之重，自负重任于肩，积极组织力量，寻踪觅迹，博集遗珍，考史纵论，拂拭封尘，发掘溯河漕运历史文化，修史护根、襄助伟业之举，良可嘉叹。

“观古宜鉴今，无古不成今。”中华优秀传统文化是我们最深厚的文化软实力，也是中国特色社会主义植根的文化沃土。希望顺凯先生和唐山海运职业学院一道，在此基础上继续拓展研究的深度和维度，以千年溯河漕运活动为研究对象，科学梳理溯河漕运活动伴生的地域文化多元形态，明晰溯河漕运文化的鲜明特征，确立溯河漕运文化的时代价值内涵。以保护为基础，以传承为方向，以应用为着力点，推出新的研究成果。在地方党委、政府的领导下，使其转化为区域可持续发展的重要文化资源。

是为序。

2023 年 5 月 23 日于北京

本文作者系联合国教科文组织协会世界联合会国际产教融合委员会主席、中华职教社产教融合和校企合作委员会副主任、中国保信集团总裁

序　二

朱永远

漕运始于秦。在秦朝建立统一王朝之后的历朝历代，皆为国之“要政”。

在政治领域，漕运始终是维系历代王朝政权不可或缺的、最重要的物质基础。朝廷年复一年地进行着南粮北运，漕运漕粮大力地支撑着历代王朝施政治国。

在军事方面，漕运亦是历代王朝军事体系的重要支撑。如秦始皇攻匈奴之以漕运从山东向北河（今内蒙古乌家河一带）转运粮食，攻南越之令监禄凿灵渠沟通湘江与西江水系以运粮草；如楚汉相争之萧何将关中粮食转漕前线以供军食；如唐咸通用兵交趾，润州人陈磻石创议海运，为海道漕运之始；如宋人张方平之名言：“国依兵而立，兵以食为命，食以漕运为本。”均为史鉴。

在文化方面，漕运在促进南北文化交流和区域社会开发等方面也有着不可忽视的作用。

漕运这一独特的制度和体系，跨越多个朝代，对古代中国的发展产生了巨大的影响，形成了近两千年的文化传统，也见证了古代中国在政治、经济、社会等诸多方面的发展历程。

我国的历史典籍、文献浩如烟海，其中对漕运尤其是对隋朝以降的大运河漕运及江南漕运不乏文字记载，对历代的漕运亦不乏研究成果。然而，相对我国的幅员辽阔、历史悠久，相关漕运尤其是北方漕运历史的记载、研究还存在着一定的“盲区”。如我所熟知的溯河及其漕运历史的被忽略就是之一。

溯河，古称泝河，独流入海。它位于滦河、沙河之间，发源于烽火山，是冀东境内一条上接滦河北上大漠，下出渤海南望大洋，历代被称为“铜帮铁底运粮河”的重要水道。

由于溯河独特的地理位置，它曾在自秦汉至南北朝的历史演变中，为中原王朝扼制匈奴、东胡、鲜卑等游牧民族势力向南扩展，拱卫中原北部边境安宁，起到重要作用；它曾是历史上中原地区沟通北域及辽金元大漠的重要通道。这条通道，曾在民族纷争、金戈铁马中，延续着南北交流；这条通道，见证了南北文化碰撞、吸纳、交融，多民族、多族群和睦相处大融合的历程；这条通道，曾是元代海运大兴时，海上丝绸之路渤海湾北路航线联结草原丝绸之路的蓝色纽带；这条通道，留下了星罗棋布的考古发现和历史遗迹，汇聚成中华文明重要的组成部分。

但是，关于溯河漕运的过往，正史的介绍极少，方志和地方文献亦多是泛泛而谈、陈陈相因。随着漕运古河道的淤塞，曾经名噪一时的溯河漕运，被淹没在历史中，终至销声匿迹，渐为大多后人所不知。于今，当我们置身眼前淤塞的古河道和宁静的古村间时，不禁发出“江山寂寞”的浩叹！

我们知道，历史的记载是没有绝对详尽的。史家各自笔下的历史都会因特定时代的意识和观念、观察历史的角度不同，兴趣重点不同而各有取舍，书其详略。故而也就难免出现某些忽略乃至缺憾。对此，我们固然不能苛求于前人。但是，作为今人的我们该将如何呢？

田顺凯先生的《溯河漕运考证》，接续了先人的未完命题，发起了今人的历史追问，当为发掘溯河漕运历史文化的开篇之作。历史的魅力也许就在于它能让人不满足现有的结论和久存的空白，诱发人们对其不停地追问，并在这追问中获得新的启悟。

我与顺凯先生同为溯河河畔之同乡，亦为文史研究之同道。对其大作即将付梓，我有非同一般读者的欣喜。因为，这部大作完成了前人未能完成的溯河探索，激发了溯河儿女对母亲河昨天、前天经历的求知渴望，填补了地域历史文化研究的一个空白。广而言之，这部学术专著，填补了中国北方漕运史的一个空白。

日前，作者携其书稿来寒舍，恳言请我为之作序。由是，我有缘成为《溯河漕运考证》的第一读者。

捧卷三日，晨昏未歇，披阅之下，不禁喜之拍案：其一，喜其钩稽群书，梳理检核，斟酌取舍，不因袭前人窠臼，于舆地沿革，史迹源流，搜讨尤详；其二，喜其严谨求实，踏察求证，充实其所学，论证其见地，匡前人之旧说，补史志之未备；其三，喜其数年间往返溯河流域，踏察溯河故道，寻访知情者老，搜集民间遗存，压茬推进，锲而不舍，旨在还溯河漕运活动一个清晰的脉络，其精诚所至，终有所得；其四，喜其有的放矢，搜罗器物，用文化的积淀解读溯河。以能够支撑溯河研究的历史遗存300余件之收藏考证，纠谬求知，析疑辨难，致真知犁然自现。一部《溯河漕运考证》，驭文字十几万，收器物照百余幅，图文并茂，言有所证，论有所恃，揭开溯河漕运的神秘面纱，使历史恍惚的身影变得亲切而明晰……

《溯河漕运考证》是一部极具分量的学术著作。在这部著作中，作者通过对历史典籍、文献方志、考古资料的研学爬梳，辅以海捞、出土历史遗物的发掘考证，探索了溯河漕运、溯河流域的悠久历史、风云往事。

"不废江河万古流"。江河行地，年代久远，今人溯其源流，诚非易事。该书依照历史的时序，从古至今，梳理出一部相对完整且真实的漕运信史。

上古时代"山无蹊隧，泽无舟梁"（《庄子•马蹄》），水陆闭塞，莫论交通。《溯河漕运考证》从上古殷商孤竹开端，以"溯河从孤竹国都城西南侧的烽火山发源，急流而下，逶迤入海，溯河流域乃是孤竹国畿辅之地"的概述，切入中古秦汉溯河漕运正题。然而，这阶段关于溯河漕运的文字记载委实太少，典籍文献仅见"海运自秦已有之"（《读史方舆纪要》）、溯河为"秦汉以来漕运故道"（《天下郡国利病书》）些许文字。典籍一笔带过，史志语焉不详，让后人很难了解溯河的历史面目。故秦代溯河漕运是否存在，汉代的溯河漕运详情若何等等先人留下来的未解难题，均为作者攻坚的首要目标。

“攻城不怕坚，攻书莫畏难。科学有险阻，苦战能过关。”（叶剑英诗句）作者肩负使命，接续前人未完的命题，向历史发起追问，力图把幽深而广袤的古代世界大门的门缝再推开一些，让人们把一些原来的面目再看得清晰一些。这既是作者的初心，亦是该书的核心。

当然，历史的追问并非空蹈无羁，当是有所恃的。而以艰辛的拓进去发现和发掘新的史证，以缜密的考证来支撑和推动研究的进程，即作者之所恃。

从《溯河漕运考证》中我们看出：作者栉风沐雨，考稽遗迹，寻踪探幽，足迹踏遍溯河故道，驱车出入流域古村，踯躅古代战场遗址，躬身寻访知情耆老，倾囊搜集历史遗存……

从《溯河漕运考证》中我们看出：作者泛舟入海，勘察水文，探求古漕运航线之海底深槽，得到海河联运之史证……

史料的发掘，视野的拓展，思考角度的转换，研究方法的突破，助推着作者的研究进程。

由是，漕运研究，取得突破；历史面目，渐次展开：

溯河上游故道中，成批秦代铁锛、铁锸、铁犁冠的发现，船用撑篙铁钩、秦代战车轴铜、兵器青铜铍在同一现场的出土，证实了秦代溯河的存在，佐证了秦始皇击退匈奴后，于公元前221年北迁3万户，开发北地，建设抗击北方基地的史载。

溯河上游故道中，汉代行军锅（曹操行军锅）的陆续出土，证实了汉代溯河漕运的延续；佐证了东汉曹操东征乌桓开凿新河，贯连包括溯河在内的辽西诸水的史载。

溯河河套中，东汉绿釉双耳羽觞杯等文物的出土，证实了汉代南北贸易和文化的交流，佐证了溯河漕运沟通了汉代中原与北境物流的史载。

溯河流域滦南小贾庄，是自汉代一直到两晋时期的古战场遗址。这里位于溯河上游西岸，北靠秦始皇统一六国之初所修东西驰道，是为秦汉时北境军需海河联运之漕运重要节点。

溯河流域滦南周夏庄和小坡子汉代遗址出土的一批两汉石碑、墓志石刻（含辽西楼船士墓志），其中竟多有年月可循者。这些历史遗存印证了史书所载新莽、东汉时期中央政府对匈奴、鲜卑、高句丽、乌桓等边疆的战争和发生在溯河流域的战事，见证了这一时期溯河漕运的历史风云。

由此可知，溯河漕运在秦汉时期不仅为中原王朝抵御外侮的战争和接济军需发挥了重要作用，同时也为溯河流域所在的北部边区与中原腹地的贸易往来和文化交流做出了重要贡献。于此，汉代溯河漕运历史更加清晰。

言前人之未言，补史志之未备，是该书特点之一。

唐代溯河漕运“北通涿郡之渔商，南通江都之转输”，可着笔之点面颇多。而作者仅以溯河沿岸出土的流域内漕运义士刘后泉之墓《明寿官刘公墓志铭》的考证，揭示出“开基马城”“招工以筑滦清二河漕运闸”等历史事件。以小见大，可圈可点。它不仅反映了唐开元二十八年，马城置县，以利水运，潮河、滦河漕运开始繁荣的历史，又客观说明清河（亦称青河）之漕运是唐初完成“筑滦清二河漕运闸”等水工设施后才开始的，契合了地方文献关于滦河“偏凉汀码头始建于唐开元年间”的记载。同时，也显露出该书“言有浅而可以托深，类有微而可以喻大”之妙。

以器物证经补史，以别史观照盲区，是该书又一特点。

如“辽金时期的溯河漕运”在正史上是一个很大的盲区。这是因为辽金时期溯河流域未被大宋所治，辽和金均非大一统的王朝。加之辽金本是游牧民族，其偏居北地而治，更未把漕运写入其史籍。所以辽金时期的溯河漕运在正史中难以找寻，使这一时期的溯河漕运在史志上形成断代。完成这一历史断代的链接，还溯河漕运以全貌，是作者必须突破的瓶颈。

器物是人类文明进程的重要标志。作者深谙“文字记载只是半部历史，另外半部让文物告诉你”（张经纬语）的要义。以器物证经补史，以别史观照盲区，凸显于作者各个阶段的研究中。此间作者在查阅正史、别史等历史文献的同时，对溯河的出水海捞、出土陶器、瓷器……一点一滴地剔爬、探幽辨难，证经补史，将叩问引向历史的纵深，让沉睡的历史起来说话。

如对出土于溯河上游的“宋代橄榄绿釉四系瓶”的考证，即为突出一例。

据考，该器物为宋代行军壶，始用于宋代抗金名将韩世忠部，故名为“韩瓶”。此小小“韩瓶”，传递给我们的文化信息太强烈了，致使我们无法将它与我们眼前宁静的溯河故道和古村连接起来。

这件宋兵遗物“韩瓶”，竟是《金史》《永平府志》所载“金天会三年 宋宣和七年 辽保大五年(1125)，九月，宋兵三千自海道入滦，破金兵九寨，杀马城县戍将节度使图尔噶，取其银牌、兵杖及马而去”战事的史证。这也与拙作《曹妃甸长歌》一书中所述当年马城那场雄壮激烈的战争相契合。此前我曾查阅史料，那是两宋期间发生在溯河流域唯一的一次战事，故“韩瓶”出处与史实别无二致。

一件件出土器物，一个个历史桥段，说明了这一时期溯河既是契丹族、女真族南犯中原的军械粮草出海通道，又是其由中原地区将物资北运的重要通道。此间虽南北征战，兵燹频仍，但南北贸易、民间交往从未间断。如古诗之“马军步军自来往，南客北客相经商”，溯河漕运仍为两宋与辽金南北贸易、文化交往的重要通道。

该书第五章“元代的溯河漕运”，以蒙元初期、元代早期、元代海运大兴时期的溯河漕运为中心，展开溯河漕运最辉煌阶段的考证：元至元十九年忽必烈敕令“造船于滦州”“造大小船两千艘，以备漕运”；至元二十一年，忽必烈下诏疏浚滦河，大开海运，大批南船北上，泛海入溯，一派繁荣；至元二十四年，永平路所辖沿海设四大盐场，溯河口外“风帆海上，随潮上下；富商巨贾，云合雨聚”，溯河漕运又兼盐运主脉……“经国之制，莫漕运为重”之胜景盛境，尽在作者笔下。

在该书的第六章，则全景式地探究了溯河入海口岸、溯河漕运的起点蚕沙河口。

蚕沙河口既是渤海湾的天然“避风港”，又是元代渤海湾北线海上陶瓷之路的重要节点。从蚕沙河口出海向南8海里有西坑坨、西坑口子深槽，由此向北十几公里长的溯河沿线，文物古迹蔚成规模。其中蚕沙口天妃宫、蚕沙古戏楼、蚕沙口元兵墓群、蚕沙口元代古码头遗址、蚕沙河口外沉船古遗址，是唯一保留至今的元代古迹群，亦是元代海上陶瓷之路重要节点研究的有力支撑。

上述五、六两章是该书的核心及看点、亮点。其间科学的缜密论证又不乏感情的浓墨重彩，作者对历史的追求和对家乡的挚爱，跃然纸上，情见乎辞。

此外，《溯河漕运考证》一书的看点和亮点，还在于对前人已有的记载和结论有补充、有匡正，透露出迥异常人的看法，反映了作者本人研究的综合性成果，体现出其观察历史事件的独特视角。仅举数例：

其一，比对考证，探幽入微，为古代溯河漕运之始找到准确定位。

古时南来漕船抵漂渤海湾北岸时，是否沿溯河北上，史志和地方文献多泛泛而谈。作者据《滦河志》所载“约公元前三千年左右……其时，滦河就是现在的溯河”推断，秦代早期，滦河大致仍是借溯河入海。其地理依据有：在古代，海河联运粮草军械，并非所有通海之河均可驶入，能通漕运之海河通道，必须在河道入海口外有“大沟漕”与之相连。

而溯河口外则具备由海入河、海河联运的海底深槽。据考证，其入海口外之“大沟槽”（今当地渔民所称之“西坑口子”）与渤海湾北路航线上曹妃甸岛南侧至西坑坨南侧的潮汐深槽“老龙沟”相通。作者多次由蚕沙河口登舟下海，寻踪溯河入海口外古沉船遗迹，在古代南船北上的航线上找到具备海河联运条件的海底深槽。进而提出《读史方舆纪要》所载之“由海通河者，自三岔口河有三道”中“是滦之槽”则是渤海湾北路航线上由“老龙沟”海底进入“西坑口子”深槽，再入溯河的天然沟槽。作者另有考证证实，这种天然沟槽在今溯河左岸的青河、滦河及右岸的沙河、陡河的入海口外均未发现。

其二，质疑前人“泛海入濡”，提出“泛海入溯”新见。

作者梳理了从秦汉到两晋时期溯河漕运的历史脉络，阐述了东汉末年虽开凿新河横截南北向诸河，形成北境漕运网络，但溯河仍是南来艚船北上“泛海入濡”必经之路的史实。并以“溯河源流”一章中所展示的溯河口外“囊括唐宋元明清且涉及窑口众多”的瓷器遗存，窥见唐代以后溯河漕运的历史活动，得出这些均系溯河天然优势所决定的推断。从而质疑《读史方舆纪要》等史志及地方文献一向陈陈相因的“泛海入濡”，提出首先应该是“泛海入溯”的新见解，指出这才与古籍中的溯河有“秦汉以来漕运故道”之称相契合，从而提升了溯河漕运史在中国漕运史上的应有地位。

其三，探幽发微，匡正旧说。

作者每每从文献资料来考订史实兼收并蓄，且有存疑之科学精神。逢所疑之处，便多思考，不泥古，不盲从，敢于匡正旧说。如在本书中，作者明确指出清光绪二年《滦州疆域图》《读史方舆纪要》《畿辅通志》等清代史料、史志中在介绍元代海漕自“三岔口”而东由海入河的三大河口时，均称“一由芦台经黑洋河蚕沙口、青河至滦州”之错误，实际上应为“一由芦台经黑洋河蚕沙口、溯河至滦州”。指瑕匡正，毫不含糊。

其四，踏察求证，即地存古。

从《溯河漕运考证》中可以看到作者在溯河故道一行行足踏步量的脚印和踏察所得。例如，作者在东汉曹操开凿的新河与溯河交叉口“白水口”径流走向的踏察中，确定了“白水口”上游的梁营、乐营为古代屯兵之地。滦南县倴城以北的“一溜十八泡”，为明永乐二年山西移民来此地而建的18个村庄的所在位置系东汉末年开凿的新河故道之河套。因其低洼，雨季积水成泡，故东西一溜18个村分别以梁泡、高泡、于家泡……“泡”字命名。继而踏察向东，河床抬高，村名再不叫“泡”，而以北套、南套、崔套（指河套）……命名。作者顺着河水径流数次奔走于河套，意在通过水名来考证地名，根据地名来印证古迹。笔者认为，这与北魏地理学家郦道元注《水经》在于“因水以证地，即地以存古”之目的有异曲同工之处。读至此，不禁令人拍案叫绝！

凡此种种，述论尤多……

读斯书，如抖开历史长卷，千年溯河漕运景象一一来至眼前，使读者感到，江山从不寂寞，历史并未逝去，它在有形与无形之间，向我们细语许多值得倾听的话语，叫人轻易不能放下。

读斯书，赏析品味，豁然欣然。此间感受，唯有“叹为观止”一词差堪比拟。

兹将读后所感缀字成文，是为序。

2023年5月1日于静泊轩

本文作者系中国珠算心算协会会刊副总编、文史学者、唐山夷齐文化研究会副会长、滦南中华文化促进会传统文化研促会会长、河北省作家协会会员

内 容 提 要

溯河，古称泝河，独流入海。发源于今河北省唐山市滦州城西北栗园村附近，于今曹妃甸区蚕沙河口入渤海，全长 97.1 公里。公元前 3000 年左右，溯河曾是古滦河的下游。

溯河流域，北依燕山关塞，南达渤海之滨，是自古以来幽燕之政治军事要冲，水陆交通枢纽，兵家必争之地。

溯河漕运，源远流长。从秦汉至民国，两千多年的历史长河中，溯河漕运为中原王朝抵御北线、东线游牧民族袭扰和与游牧民族的融合，提供了重要支撑；为溯河流域乃至滦河流域的经济发展、社会进步和文化繁荣，做出了重要贡献。然而，由于诸多因素，史志对于溯河漕运的记载却成盲区，仅有“溯河为秦汉以来漕运故道”些许文字。

笔者全程寻访踏察溯河故道，以文物古迹、历史遗存为依据证经补史，拂去溯河漕运的历史封尘，按时空发展的纵向逻辑，揭开了溯河漕运活动的神秘面纱，填补了中国北方漕运史的一个空白。

目　录

第一章　溯河源流

溯河，在历史文献中均称“泝河”。查阅《现代汉语词典》，“溯”通“泝”，意思是逆着水流的方向走。

打开百度百科：溯河，古称泝河，独流入海。据传，因古时候潮水由河口上溯而通漕运得名。位于滦河、沙河之间，发源于滦县栗园村附近，于今曹妃甸区蚕沙河口入渤海，全长97.1公里，发源地和入海口总高差60米。

溯河上游有大溯河、小溯河，据《滦县志》载：

小泝河在城西二十里，发源烽火山东港，南经拐头山、双山，至菱角山东，又名沟酿河，亦名九酿河，经八里桥，折而东，复折而西南，至莲台，与大泝河汇。大泝河在城西十八里，发源烽火山西北二十里，三港湾庄西，由栗园庄东三岔院山西，绕佛住山南，达杨家院东南，经芹菜山之西折而东南至莲台与小泝河合，东南流经唐家泡、王家土、喑牛淀至蚕沙口入海。

溯河流域地处燕山南麓冲积平原，由北向南倾斜，南至渤海，流域面积618平方公里，流域内共涉及今滦州市和滦南县的11

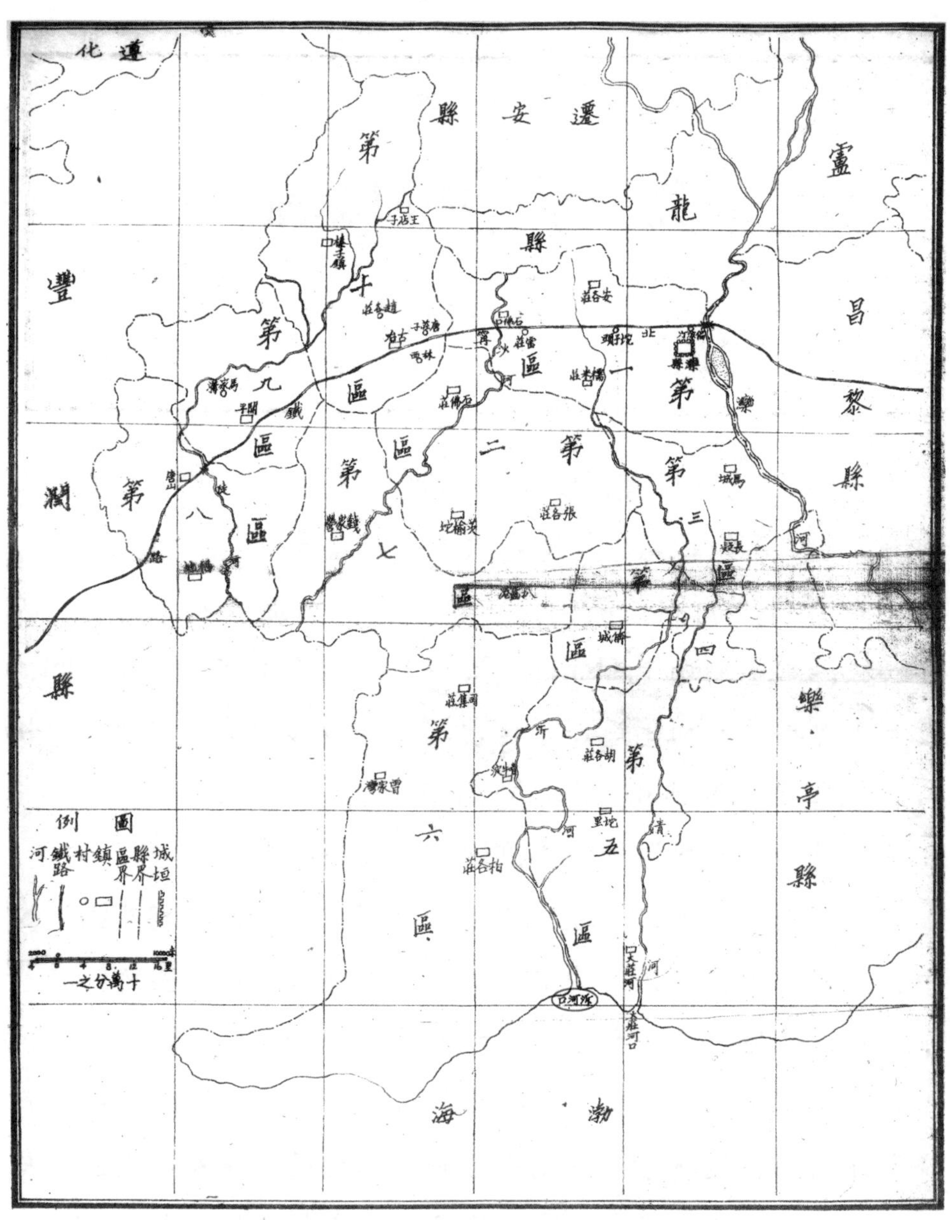

图 1–1 民国年间滦县全境总图

个镇及曹妃甸区。溯河流域这块从北到南的狭长地带，历史久远，其北靠燕山关塞，南达渤海之滨，西界沙河（古称缓虚水），东傍滦河（古称濡水）。这里土地肥沃，水草充裕。早在新石器时代，先民们已开始沿溯河聚族而居，繁衍生息。（见图 1-2）

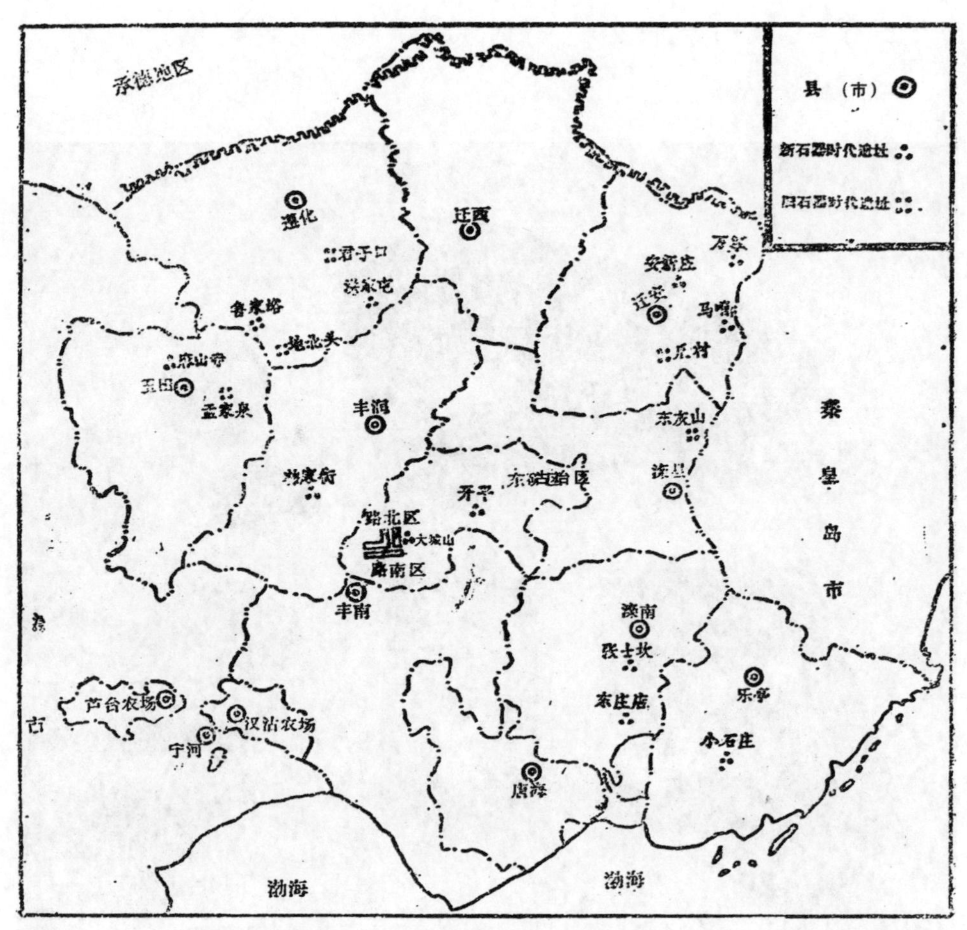

图 1-2 唐山市石器时代文化遗址分布图（《唐山历史写真》）

图中显示今滦南县境内的张士坎、东庄店为新石器时代文化遗址。

溯河沿岸的张士坎、东庄店新石器时代文化遗址中的文物遗存，证明当时的人们已经能够制作生产生活用具，从事农耕和渔猎生活。这些新石器时代遗址的发现，也说明，早在新石器时代以前，溯河就已经存在。（见图 1-3 ～图 1-7 笔者踏察收集的溯河上游石器时代遗存文物）

图 1-3 溯河上游遗存的旧石器时代打制石器

图 1-4 潮河上游遗存的旧石器时代打制河片石渔网坠

图 1-5 潮河上游遗存的旧石器时代带孔石渔网坠

图 1-6 潮河上游遗存的旧石器时代磨孔海贝

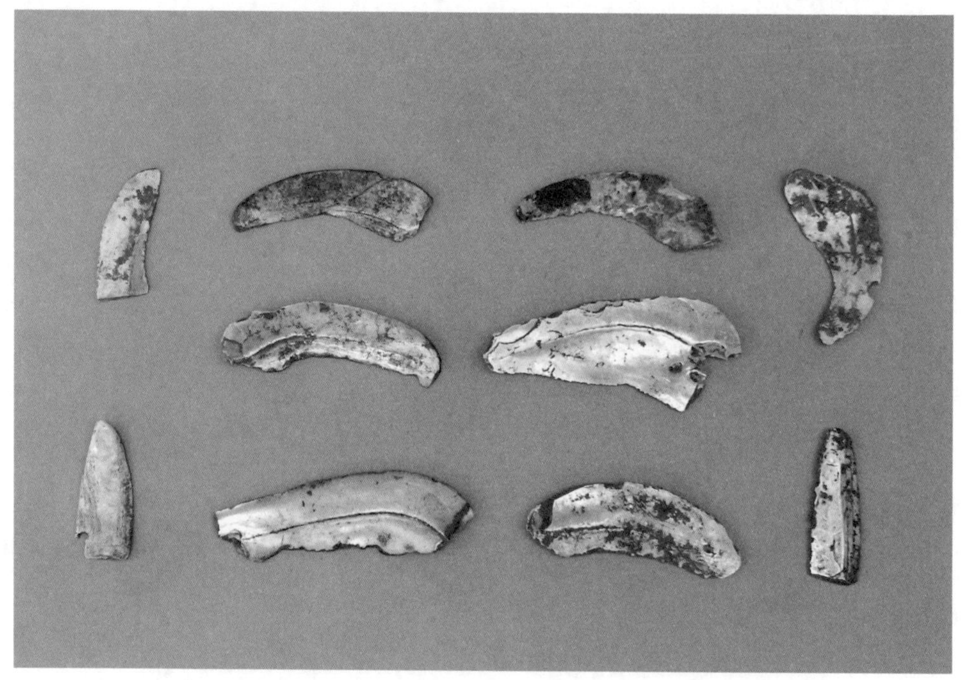

图 1-7 潮河上游遗存的旧石器时代打制蚌器

远古时期，溯河流域曾是渤海的一部分，其陆地的形成经历了漫长的岁月。据《唐山历史写真》介绍：

在新生代第四纪（约二三百万年前），由于冰川的影响，沧海变为陆地。古濡水（滦河）、龙鲜水（陡河）等河流挟带泥沙向渤海湾西部堆积，从而逐渐把燕山东南麓的浅海大陆架填高成为陆地。温湿的气候，充裕的水域，丰厚的土地，使得古人类得以在这里生活、繁衍。

据《滦河志》（第一卷）介绍：

公元前 7500—前 3000 年的中全新世，海岸线在渤海湾北岸已上升到（今丰南）小集、（滦南）胡各庄、（昌黎）刘台庄一线。中全新世末期（约公元前 3000 年），海岸线又后退到（今乐亭）新寨、蔡庄、胡家坨一线……其时，滦河（下游）就是现在的溯河。

溯河沿岸石器时代文化遗址及遗存文物的发现，可以证实，早在六七千年前，溯河流域的先民们已经能够制作生产生活用具，至新石器时代手工业已经形成。（见图 1-8 ～图 1-13 笔者踏察收集的溯河上游遗存的新石器时代文物）

这些磨制石器、石纺轮、陶纺轮、陶网坠等，反映了新石器时代溯河沿岸先民们结网渔猎的生业形态和手工业的萌芽。

对此，中央美术学院教授、中国本原文化研究所所长靳之林先生认为：

从广义上讲，劳动工具和生活用具的制造，也属于艺术创造的范围，虽然他们的创造是从生产生活实用出发，但他们的创造者是具有文化意识的人，在创造过程中必然积淀了民族群体文化意识的哲学观与美学观。这种民族群体意识、情感气质

图 1-8 潮河上游遗存的新石器时代磨制石器工具

图 1-9 潮河上游遗存的新石器时代磨制石纺轮

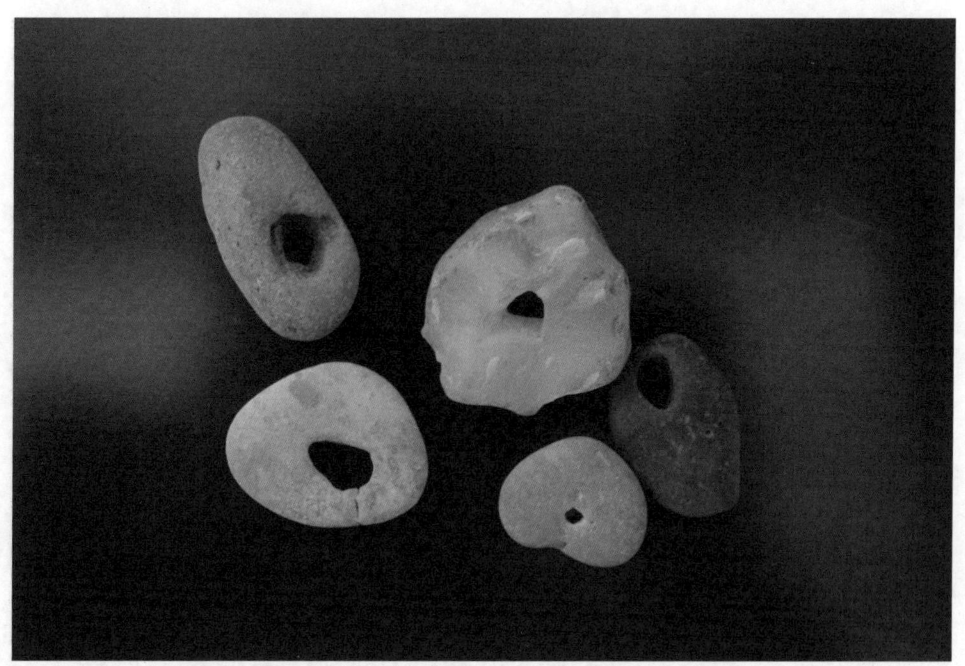

图 1-10 潮河上游遗存的新石器时代玉石饰

图 1-11 潮河上游遗存的新石器时代骨角器

图 1-12 潮河上游遗存的新石器时代红陶渔网坠

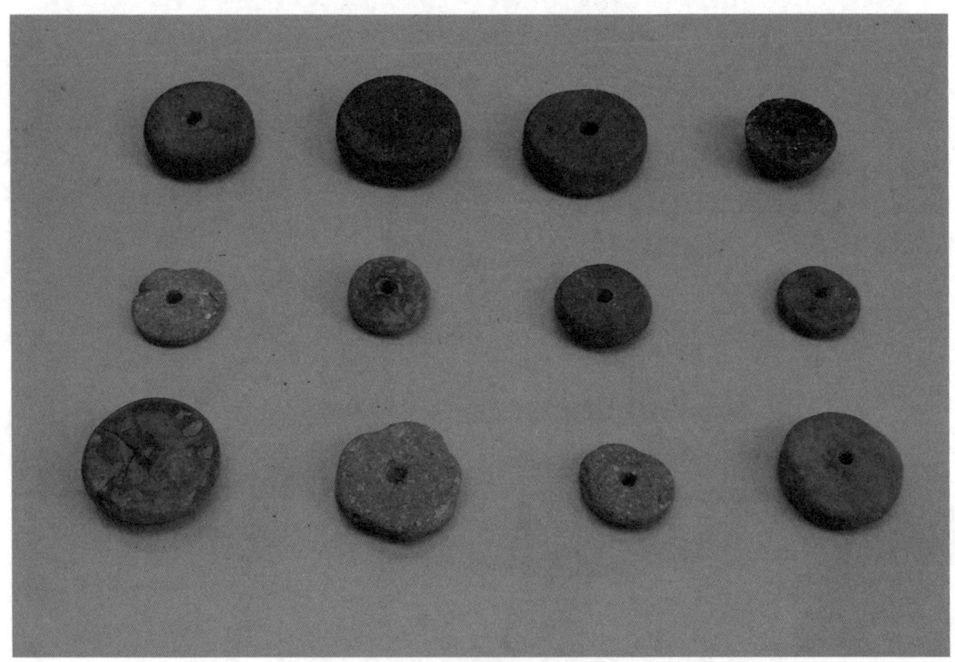

图 1-13 潮河上游遗存的新石器时代片状陶纺轮

和心理素质，作为历史发展的动力，推动着各个时期的文化艺术发展。

所以，溯河也是中国古代文明的发祥地之一。

距今 3600 多年前，中国历史上第二个朝代商朝建立，商朝也是历史上第一个有直接的同时期文字记载的王朝。商王朝势力最强的时候，东至大海，西达今陕西，北到今辽宁，南至长江流域。商朝控制着许多方国（侯国），在商朝的版图上，偏居北部边地的方国是孤竹国。（见图 1-14）

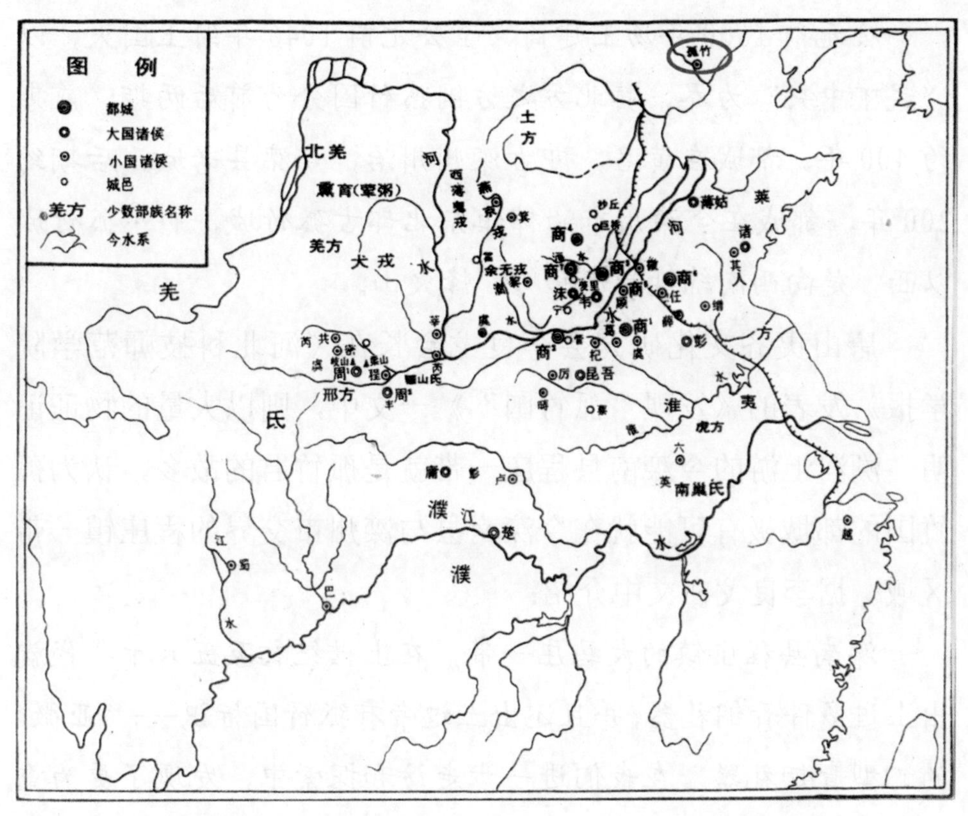

图 1-14 商朝地域图（选自《唐山历史写真》）

史料记载，孤竹先人为先商部族墨氏一支，商朝之初，封墨姓同宗为君，建立孤竹方国。孤竹国存在时间很长，武王灭商，天下宗周，孤竹国因远在边地，未灭，遂成周朝方国之一，至春秋时，被齐桓公北伐山戎所灭，前后存续940多年。

关于孤竹国的都城所在地，多有专家学者探究。近些年，随着出土文物的发现，一些学者已将殷商孤竹古城锁定在溯河上游。

滦州知名学者唐向荣老先生在其《孤竹古城究竟在何处》中明确提出：

公元前1600年汤王建商，至公元前1046年纣王国灭，以“武丁中兴”为界，其北方之方国孤竹国分为前后两期：前期约400年，都城在黄洛，即古滦州州治，今滦县老城。后期约200年，都城在今滦州市油榨镇东北部古孤竹城，……孤竹城以西，是向西南绵延的赤峰岭、烽火山。

唐山夷齐文化研究会李良戈会长在《河北科技师范学院学报》发表的《发现“孤竹国”》一文中，则以大量的物证证明，溯河上游的今滦南县程庄一带就是孤竹君的故乡，认为孤竹国的都城极有可能就在今滦南县与滦州市交界的程庄镇一带区域。据李良戈在文中介绍：

滦南县程庄镇的大马庄一带，在上世纪初及五六十年代就出土过多件青铜礼器，并且还出土过带有孤竹国标识——“亚微”的觚型青铜礼器。在我们进一步走访和探索中，发现了更为重要的信息。如：发现了散落在民间的殷商时期玉礼器、骨器、石器、陶器、陶算珠、甲骨文字片、陶文字片、玉文字礼器……

玉玄鸟、玉鱼、C 型玉龙、玉簪、玉镯及多件带有孤竹国族徽的玉礼器等……

唐山滦南县大马庄、殷坨子等地，惊世发现的玉文字孤竹君先祖系列玉圭、“亚微”系列玉圭以及“中师”和“左亚旅”玉钺，以玉文字实物资料，佐证了孤竹君谱系、“孤竹城”的存在范围、军备情况及“惟殷先人，有册有典”的真实存在。

据此证明，唐山滦南的大马庄区域，极有可能就是孤竹国的王畿之地，即“孤竹城”的所在地。（见图 1-15）

另据《滦南文物古迹寻踪》载：

溯河，发源于滦州城西烽火山，上游分小溯河、大溯河，于莲台（寺）二流汇合，南流经唐家泡，王家土、喑牛淀至蚕沙口入海。

结合上述两位学者的研究成果及相关文献记载的古代溯河径流情况，可以认为，孤竹国的都城应位于溯河上游。也可以这样讲，商周时，溯河从孤竹国都城西南侧的烽火山发源，急流而下，逶迤入海，溯河流域乃是孤竹国的畿辅之地。

滦南县境内已被文物部门登记的四处商代遗址均分布在溯河沿岸的事实，也契合了上述学者的观点。这些商代遗址由北向南依次是：

小贾庄商代遗址（1982 年前文物普查登记）

东八户商代遗址（1988 年唐山市文管处、滦南县文管所联合发掘）

西张士坎商代遗址（1982 年前文物普查登记）

东庄店商代遗址（1981 年河北省文物研究所、滦南县文管

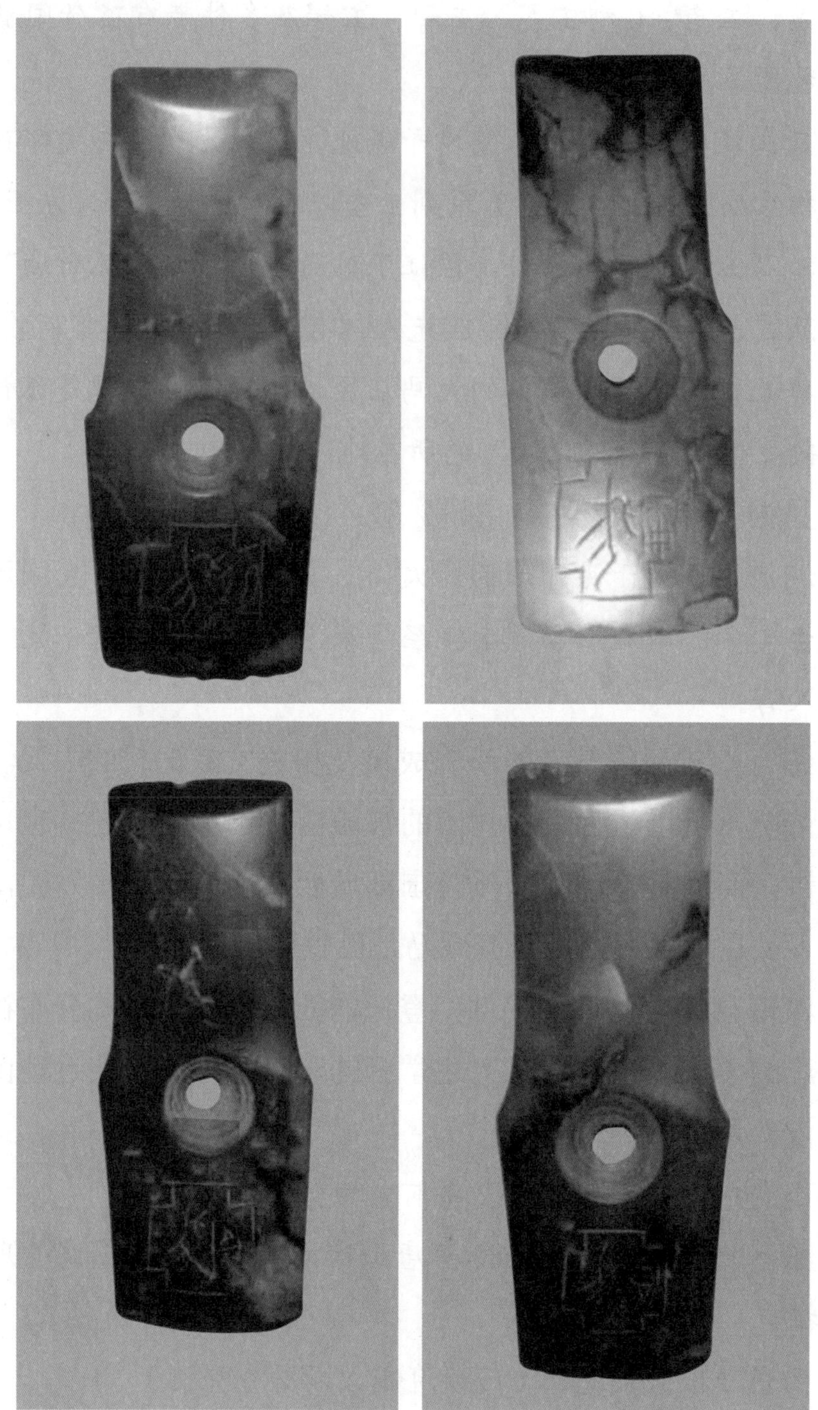

图 1-15 唐山夷齐文化研究会收藏的孤竹国玉圭

所联合发掘）

其中的小贾庄商代遗址，与李良戈先生谈及的大马庄、殷坨子毗邻，这些商代遗址及其周边遗存的石斧石镰石铲、骨针骨锥骨梭、陶钵陶鬲陶罐、玉圭玉钺玉璋、网坠鱼钩纺轮等商代遗物，述说着先民们逐溯河而居，在日出而作、日落而息的生产生活中所创造的灿烂文化和古老文明（见图 1-16 ～图 1-24）。

笔者踏察收集的溯河沿岸殷商时期大量的遗存文物，真实地记录了早在殷商时期溯河上游、溯河沿岸、溯河流域先民的智慧与创造。

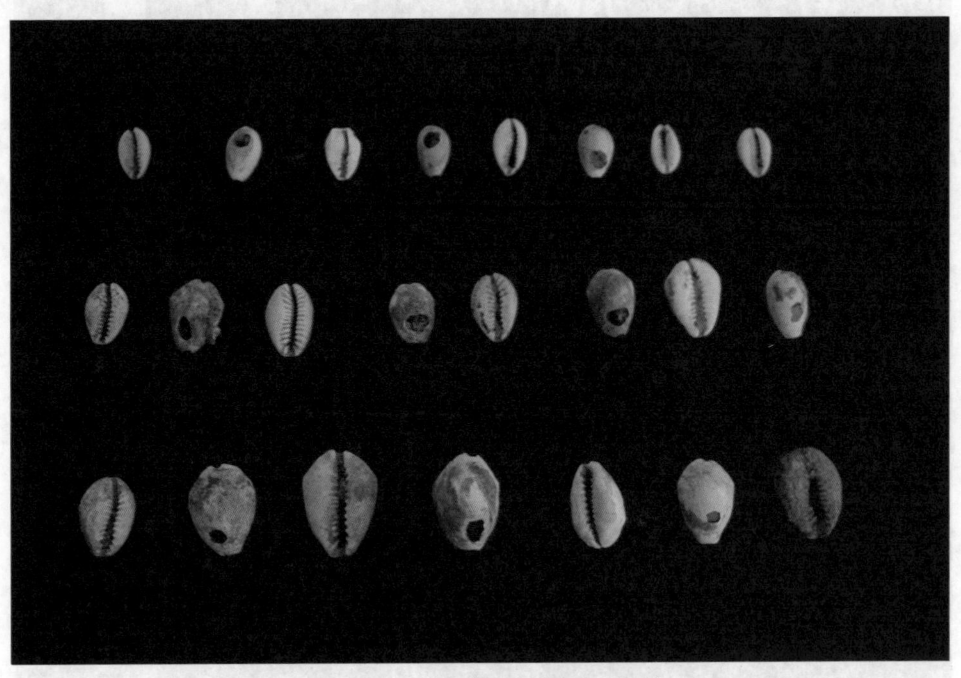

图 1-16 早商时期的贝币

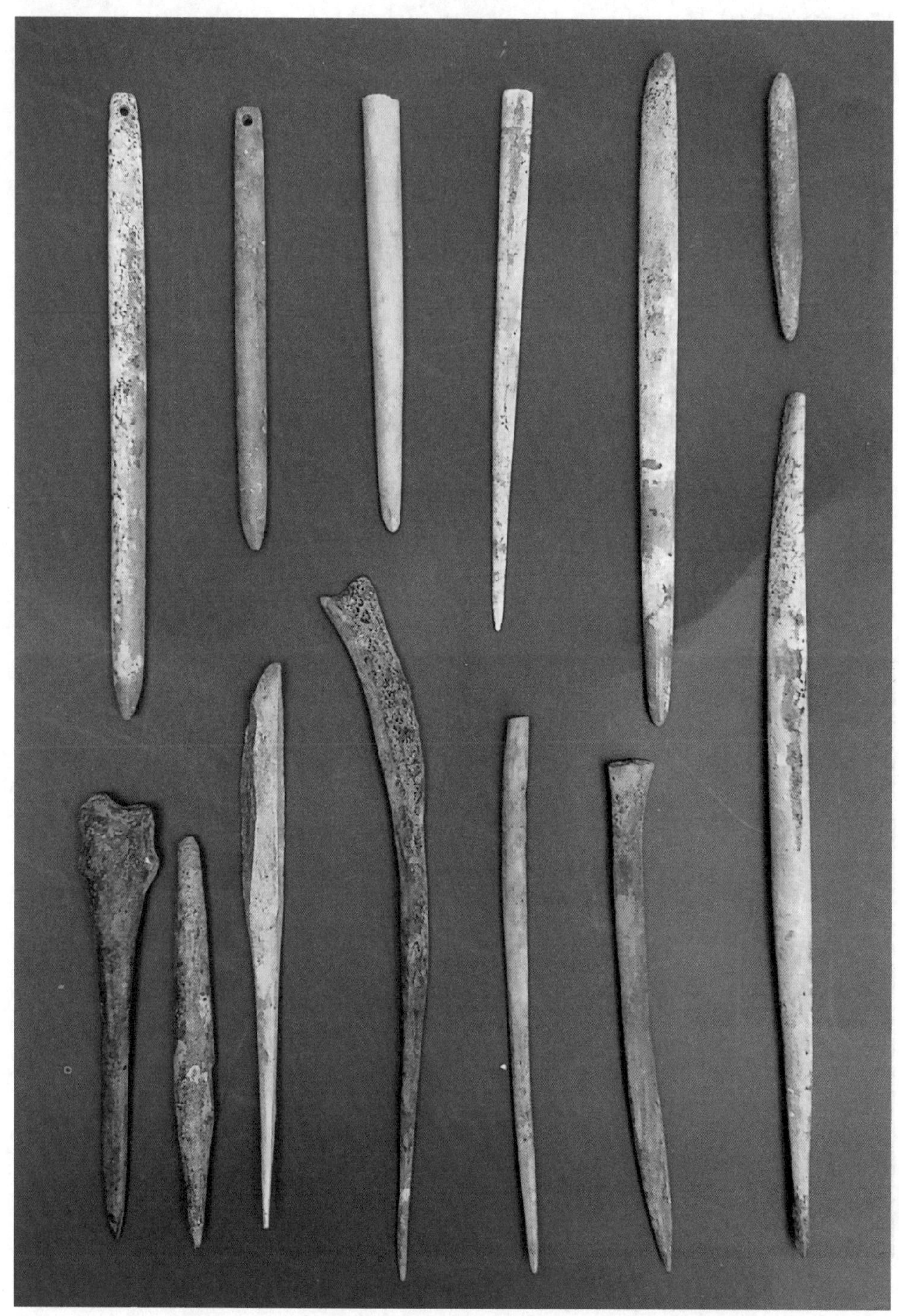

图 1-17 商周时期的骨针、骨锥、骨梭

图 1-18 商周时期的玉圭

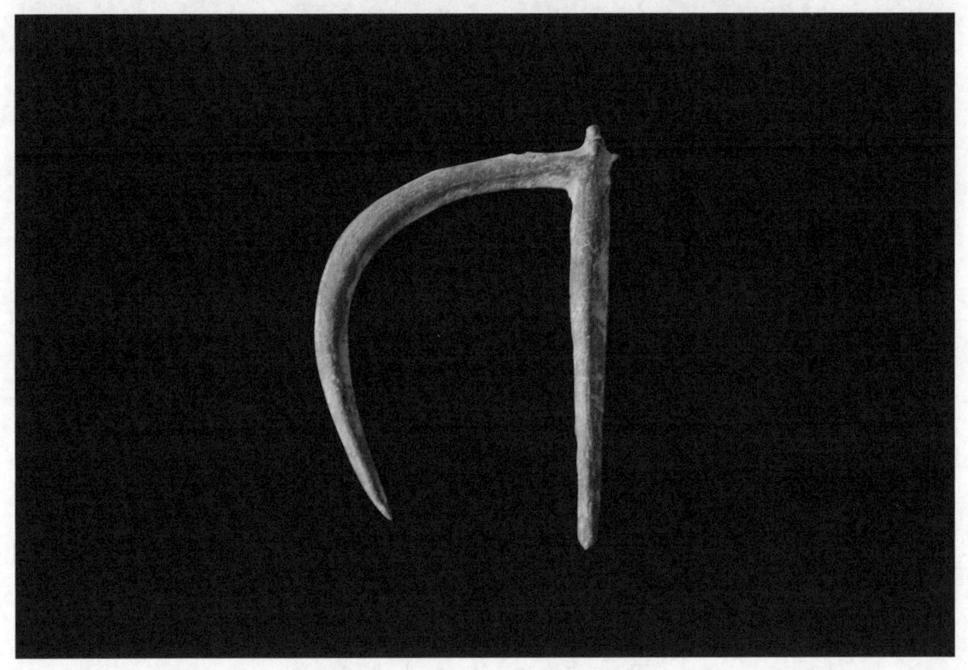

图 1-19 商代青铜鱼钩

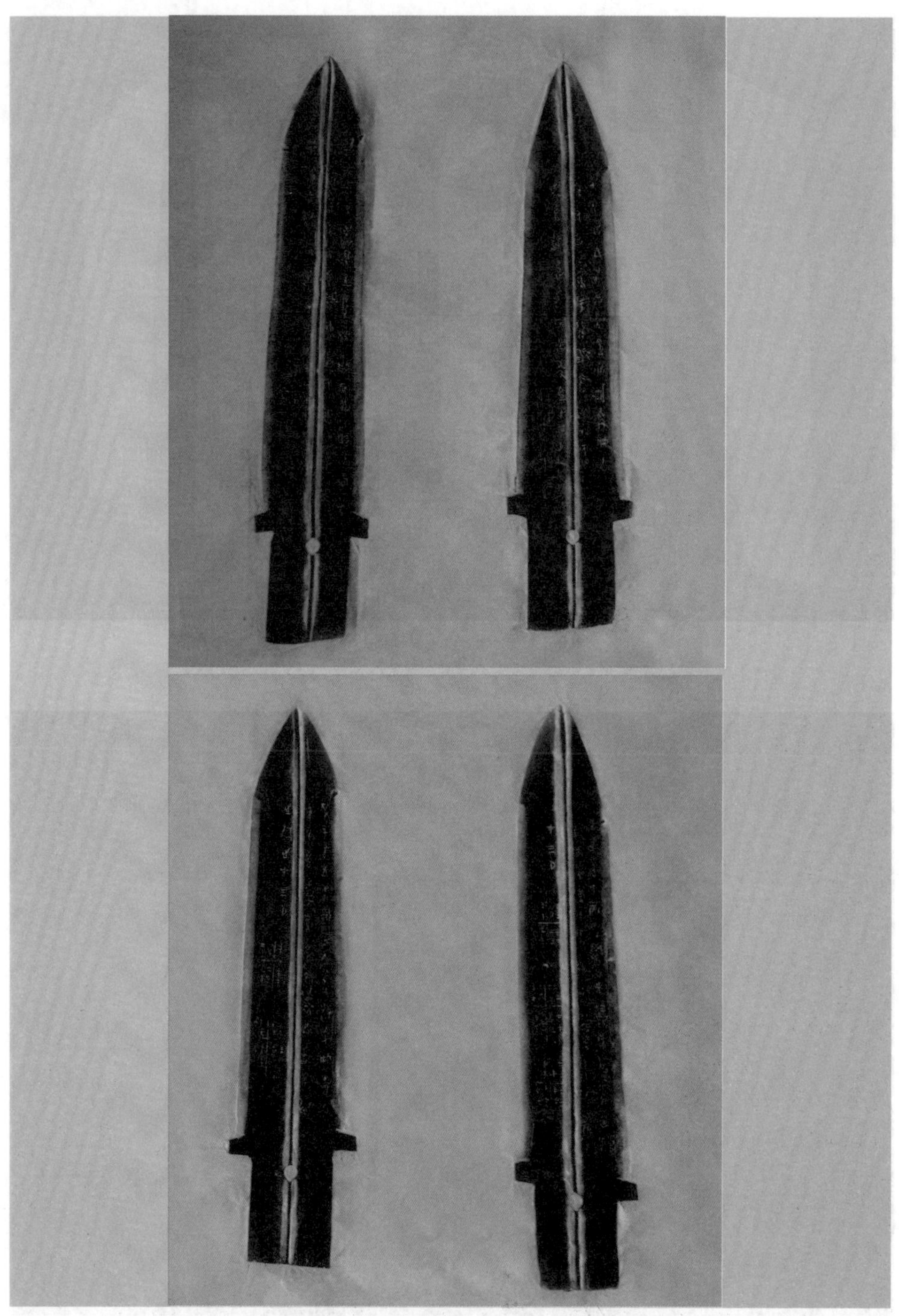

图 1-20 商代玉圭拓片

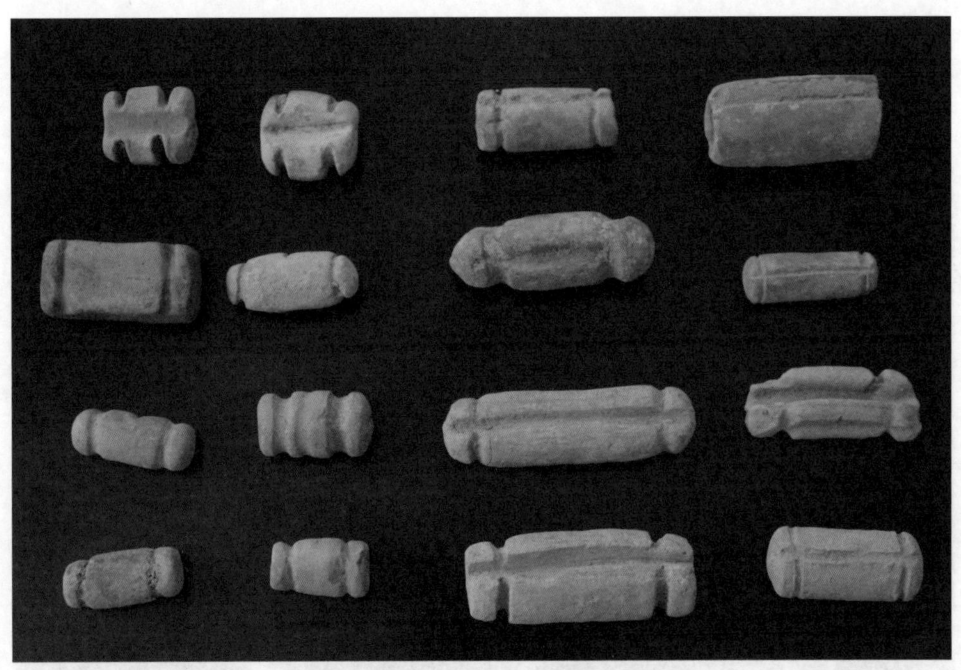

图 1-21 商周时期陶网坠

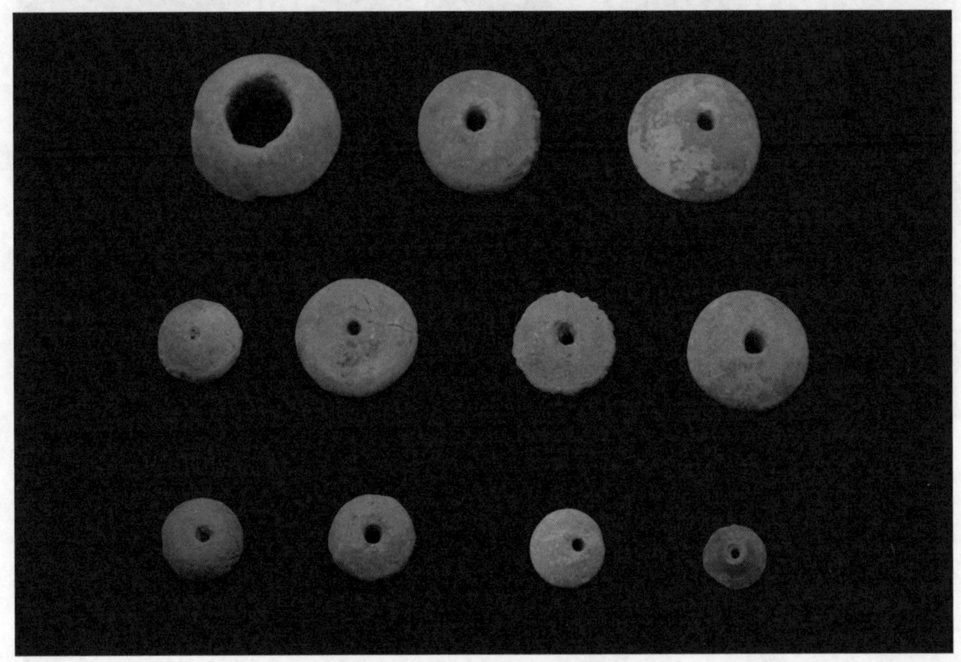

图 1-22 商代陶纺轮

图 1-23 商代陶片

图 1-24 东八户商代遗址附近出土的商代红陶罐

此外，故宫博物院珍藏的《采薇图》所展示的孤竹国君的长子伯夷、三子叔齐“兄弟让国，扣马谏伐，耻食周粟，饿死首阳”的正气之举，被载入史册，其义字当先、秉德礼让、悌孝全仁、“不降其志，不辱其身”的仁哲大义，成为中原硬核文化儒家思想的基因要素之一，被誉为“东方德源”。（见图 1-25 ～图 1-32）

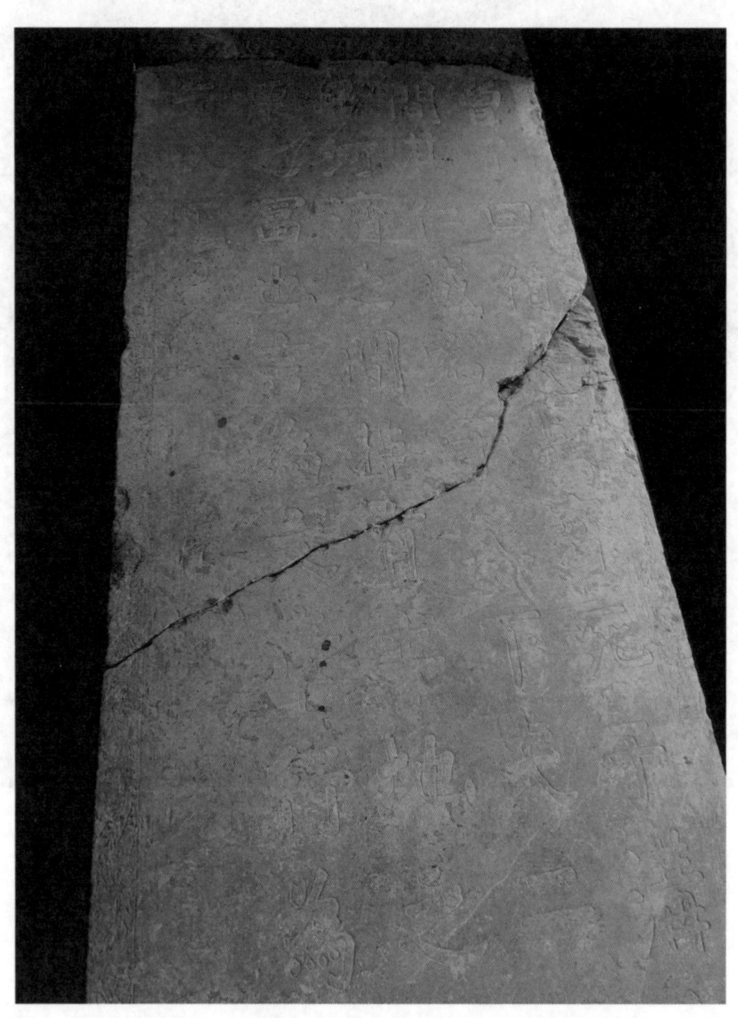

图 1-25 潮河上游遗存的夷齐庙石碑

图 1-26 潮河上游夷齐庙碑刻拓片

图 1-27 潮河上游遗存清康熙四年重建夷齐庙（清节庙）碑记碑拓

图 1-28 潮河上游遗存的夷齐庙碑刻（宋真宗遣官致祭伯夷叔齐）拓片

图 1-29 潮河上游遗存的夷齐庙碑刻（清乾隆帝为伯夷叔齐题字）拓片

图 1-30 潮河上游遗存的夷齐庙碑刻（唐玄宗祭义士伯夷叔齐）拓片

图 1-31 笔者在溯河上游走访时，陆续发现，村民砌墙用的石头有的为夷齐庙碑刻。此图为先贤拜谒夷齐庙题词碑刻拓片

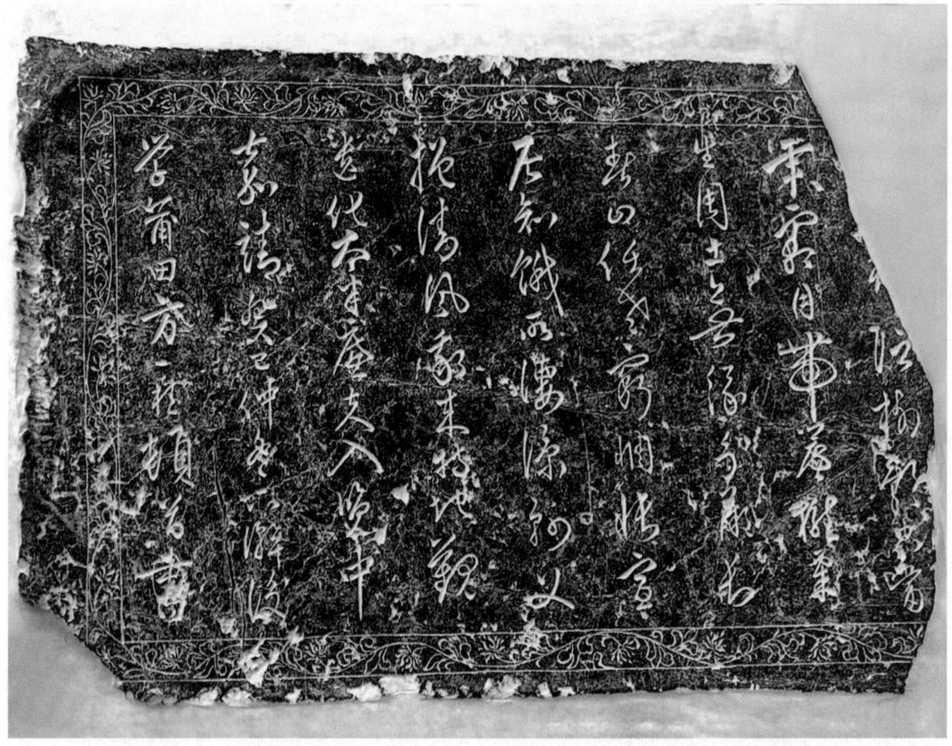

图 1-32 溯河上游遗存的夷齐庙碑刻残件拓片

从殷商至春秋，孤竹国的存续，为中原王朝屏卫北方少数民族起到了重要作用，为中原文化和北方游牧民族的文化交流和贸易往来，起到了桥梁作用。而溯河，作为孤竹国畿辅之地的母亲河，为上述作用的发挥起到了积极作用。

历史文献和考古发掘早已证实，远在三千年以前，船舶就已出现。商代甲骨文上已有“舟”字出现，考古资料显示，商代时木板船已出现，商代中期已经开始了大规模的航运活动。据郭沫若主编的《中国史稿》记载：商代武丁时期，王室的奴隶曾大批逃走，商王武丁下令乘船追击，追击的船用了十五天时间，才把这批奴隶捕捉载运归来。这说明，商代“武丁中兴”时航运已经成熟。而《史记·周本纪》所载，武王率战车三百、近卫三千、甲士四万五千人乘船渡黄河灭商，展示了商朝末期航运技术已相当高超。可以推想，在这样的历史背景下，雄踞北方边塞、南至渤海的孤竹国，应该具备成熟的航运体系。

21世纪初，溯河上游河套中，农民挖沙取土时发现了一批钻了孔（或磨成孔）的海贝、海螺壳，据考证应为新石器至早商时期先民们的遗物。海贝、海螺均是海洋生物，先民们将这些海洋中贝类运到溯河上游并加工成饰品、蚌器等，说明这一时期聚居在溯河上游的先民们，在生业活动中已经具备了航运技术和航运能力。

商周时期的航运，为春秋之后漕运的生成和发展奠定了基础。

春秋争霸，孤竹国灭。秦灭六国，天下归一。秦代大一统王朝的建立，催生了漕运的发展。至东汉时，滦河已东移不再借溯河入海。对此，东汉《水经》有载：

濡水（滦河）自塞外来，东南过辽西令支县北，又东南过海阳县西，南入于海。

这段记载，对于滦河入海的径流情况讲得不够详细，但北魏年间郦道元在《水经注》中已解释清楚：

濡水……东经乐安亭（今乐亭城）北，东南入海。

秦汉时期，溯河流域属辽西郡。西汉初年，官府实施的“轻徭薄赋”“休养生息”政策，促进了这一流域经济的快速发展。汉武帝时，注重农田灌溉，使上游溯河发挥了灌溉作用，提高了农作物产量。而大量的土地开垦，又催生了这一区域冶铁等手工业的发展。“夕阳有铁官”（《汉书·地理志》），是溯河流域冶铁业的最早记载（时溯河流域属辽西郡夕阳县辖）。西汉时，铁制的犁、锄等铁器农具的推广，使牛耕成为这一流域普遍的耕田形式，极大地促进了溯河流域农业经济的发展（见图 1-33 ～图 1-38），史料记载，这种进步的农耕文化由此传入辽东广大地区。此外，手工业的发展也使这一区域传统的渔猎工具得到改善，促进了流域内渔猎文化的发展。（见图 1-39 ～图 1-44）

东汉建安十二年（207），曹操北上攻打乌桓，调夫开凿新河运渠，西起盐关口（今宝坻县），东至乐安县（今乐亭县）南入于海，新河横截沙河、溯河、滦河等南北向诸河，形成了新的水运网络，使溯河在便利流域农田灌溉的同时，更融入了南至中原、北通塞外的漕运体系。

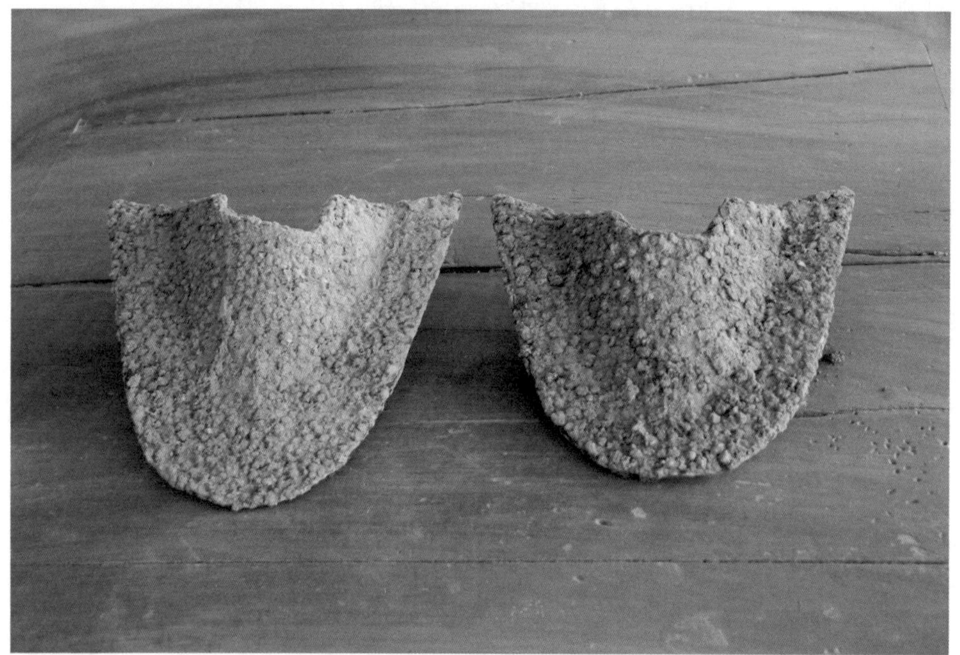

图 1-33 潮河上游出土的汉代舌形铁铧犁

图 1-34 潮河上游出土的汉代铁铧犁翻土用犁壁

图 1-35 流域出土的汉代铁铧犁与犁壁正好套合

图 1-36 溯河上游出土的铁铧犁

图 1-37 潮河上游出土的生产铁铧犁的铁制模具

图 1-38 潮河上游出土的古代铁锄

图 1-39 溯河上游出土的汉代带文字青铜渔网坠拓片

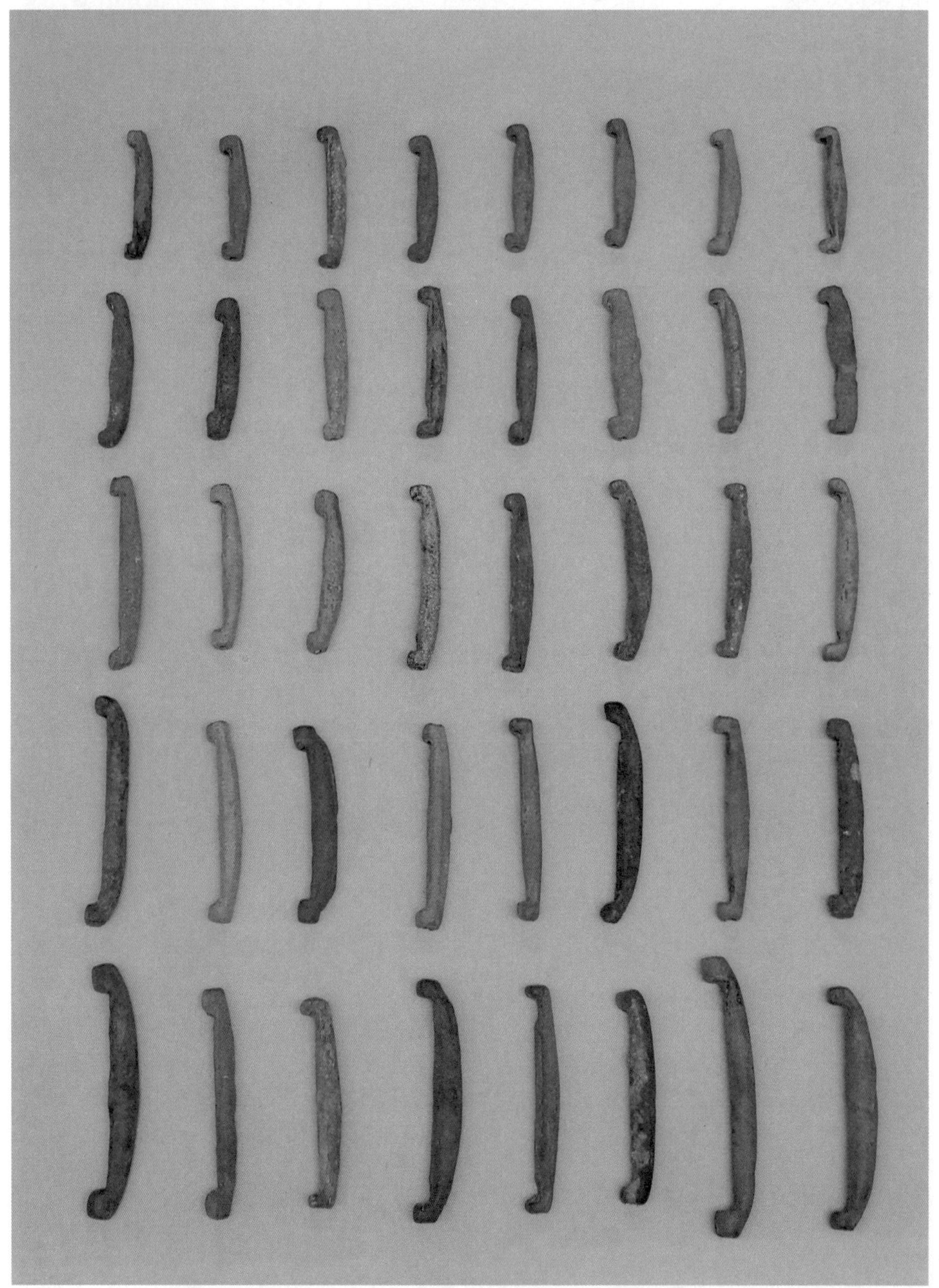

图 1-40 潮河上游出土的汉代青铜渔网坠

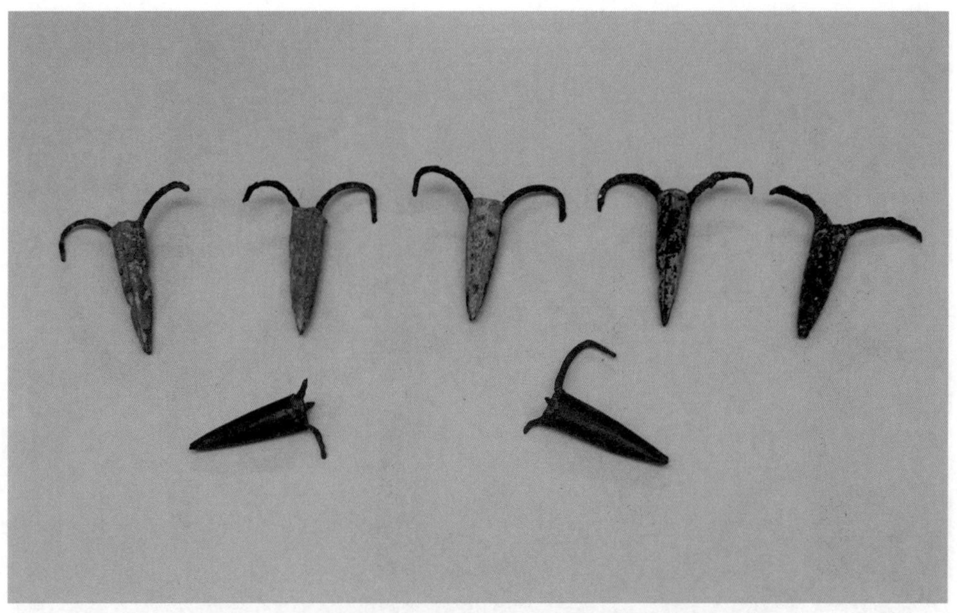

图 1-41 溯河上游故道出土的青铜鱼钩

图 1-42 溯河上游故道出土的各式青铜鱼钩

图 1-43 潮河上游故道出土的铁制鱼叉

图 1-44 潮河上游故道出土的各式铁制渔具

潮河，“因古时候潮水由河口上溯而通漕运得名”，而关于漕运，《现代汉语词典》解释为：“旧时指国家从水道运输粮食供京城消费或接济军需。”那么，潮河漕运所供应的京城在哪里？或者接济了何时何地之军需？

20世纪80年代末，地处溯河下游入海处的柳赞镇蚕沙口村，渔民在出海作业中，渔船拖网拉到了大量的古代瓷器。笔者是蚕沙口村人，当时在县委宣传部工作，1991年回老家过年时，看到散落在渔家的各式古代瓷器，感到十分惊奇，便收藏了一些海捞瓷的标本。（见图1-45、图1-46）

这些瓷器来自哪里？产自哪个朝代？是否和溯河漕运有关？

图1-45 20世纪80年代末至90年代初，溯河口外渔民拖网拉到的古代瓷器

图 1-46 20 世纪 80 年代末至 90 年代初，溯河口外渔民拖网拉到的古代瓷器

缘于此，我便在不由自主中关注起了中国古代陶瓷，又进而在工作之余研究起了溯河漕运的历史文化。

然而，由于溯河流域地处中原王朝的北部边地，加之五代以后，这一流域先后被辽、金、元游牧民族相继管辖 600 多年，所以正史对溯河漕运的介绍极少，方志和地方文献亦多是泛泛而谈、陈陈相因。而近代学者在研究北方漕运文化时，又过多地关注了关联都城北京的漕运活动，忽略或疏忽了溯河漕运的历史贡献。因此，由于史料奇缺，尽管投入了大量精力在史志和地方文献中细致爬梳，仍难在跨越千年的历史长河中把握溯河漕运的清晰脉络。

人类学家、作家张经纬说过：“文字记载只是半部历史，另外半部让文物告诉你。”正是受到这位就职于上海博物馆的作家的影响，我开始结合遗址、遗迹和遗存文物考证溯河漕运的历史活动。（见图 1-47）

图 1-47 笔者在溯河岸边的胡各庄镇东庄店商代遗址考察时，收藏的散落于农户家的唐代龙泉窑瓷盘

今天看来，当年溯河口外的海捞瓷，囊括唐宋元明清各代，且涉及窑口众多。

这些年，笔者踏察溯河故道，寻访遗址遗迹，拜访乡村耆老，搜集民间遗物，先后收藏了能够支撑溯河漕运研究的历史遗存 300 多件，其时间跨度达五六千年。将这些珍贵的历史遗存和相关史料碎片整理缀合起来，便可拂去历史的封尘，揭开溯河漕运的神秘面纱。

坐落于溯河口的溯河大桥

（笔者拍摄于 2022 年 5 月）

第二章 秦汉时期的潮河漕运

引言：

漕运，是古代王朝的一项重要经济措施，是王朝利用海道、河道等水道调运粮食的运输方式。古代朝廷以田赋的形式征集粮食，并通过调运供宫廷消费、百官俸禄、军饷支付和民食调剂，这种粮食称为漕粮，漕粮的运输称为漕运。而狭义的漕运，是指在内河水路对漕粮的运输。这是当今学术界对于漕运的一般表述。

但在1978年12月出版的《现代汉语词典》中，对漕运的解释则不限于对粮食的运输，还包括了物资。其对漕运的定义为“旧时指国家从水道运输粮食供应京城或接济军需”。而“军需”应包括军械粮草等古代军用物资，故古代漕运也应该包括通过水路对军需物资的运输。也有资料解释为：“中国古代政府将所征财物（主要为粮食）经水路解往京师或其他指定地方的组织和管理。”

漕运自建立之初就一直牵绊着政治、经济和军事的发展。

大量的文献资料都显示，漕运最早出现于秦代。漕运的出现主要是为了解决中央集权的大一统封建帝国在宫廷消费、军饷支出等方面对粮食及其他物资的需求。秦始皇统一六国建立中央集权国家后，京师等地需求的粮食及其他物资，还不可能通过市场调节来满足，只能依靠官府组织力量，从农业经济相对发达地区调运。而受当时交通设施、交通工具条件的制约，长途运输粮食及其他物资，依靠陆路运力小、耗费大、自然障碍多，故中央集权制封建国家远距离调运粮食和物资一般采用水运，而在不适宜水运的地方则辅以陆运，这些统称为漕运。

秦朝建立统一的集权王朝后，为巩固边防，朝廷决定“北驻长城，南戍五岭”，南北边境均需重兵把守。而北境由于农业经济薄弱，军需物资依靠外来补给，故北境的漕运自然选择水运为主的长途运输。

“军国之务称重大者惟边饷，而军国之需称浩繁者亦惟边饷。”（《春明梦余录》）故秦代以来，漕运作为边饷供给的主要方式，一直为朝廷所重视。秦代“北驻长城”，开长城戍边军需漕运之先河，汉代北境边防动荡，更是将北境粮草运输视为要务，汉武帝时期，丞相公孙贺被罢免的重要原因就有“无益边谷”。秦汉时期的漕运虽为萌芽，但却实现了山东、关中一带粮草物资通过海河联运“泛海入濡”，支撑了北境战事及戍边军需，使漕运成为古代帝国巩固边防和保证战争胜利的重要手段。

2022 年初，唐山海运职业学院把发掘溯河漕运历史文化列入研究计划，作为课题组的负责人，我决定对溯河故道全程踏察。

这次踏察我们沿着溯河故道，由北向南，压茬推进。由于溯河上游的大溯河、小溯河两条支流古时候汇合于今滦南县最靠北的小贾庄村东，再蜿蜒向南，所以，我们的这次溯河故道寻访，就从小贾庄开始。

小贾庄，今属滦南县程庄镇，旧属滦州，南距今滦南县城倴城约 20 公里。我家住倴城，这里有句老话："气死龙王爷，淹不了倴城街"，是说倴城地势较高。然而，当我们从倴城出发驱车奔向小贾庄时，却能明显地感到车子是在北上，进入程庄镇界后，越往北地势越高，快到目的地时，途经的小坡子、周夏庄等村庄，就坐落在茫茫原野上的一片又一片高坨地上。沿途这些村庄位于溯河故道两岸。再往北行，又是一大片更高的坨子地，高坨地之上就是小贾庄村，我们到达了目的地。汽车在小村里迂回穿行，我们首先来到了村东北的一大片高坨地之上。这里矗立一块石碑（见图 2-1），上书：

河北省文物保护单位

小贾庄汉代古战场遗址

河北省人民政府立

二〇〇八年十月二十五日

保护范围：以文物保护标志为基点，向东 200 米，向南 95 米，向西 93 米，向北 90 米。

图 2-1 溯河上游小贾庄汉代古战场遗址

好大一片汉代古战场遗址！置身遗址东侧，登高四顾，脚下溯河故道清晰可见，有三四百米宽，由北向南远去。（见图 2-2）

从小贾庄汉代古战场遗址下来，我们急于进入小贾庄村寻访。

记得作家谷景峰曾有一篇文章发表在《唐山劳动日报》，文中介绍了他到小贾庄村调研时的情况。在小贾庄，他采访了曾任小贾庄村支书的沈福永，文中介绍：

说起小贾庄的历史传说、典故，老先生如数家珍，他们在村里村外边走边聊："瞧，这里是古战场，汉人与鲜卑厮杀了

图 2-2 小贾庄古战场遗址东侧干涸的潮河故道（新中国成立后因农田灌溉需要潮河在此段人工开挖向东改道）

三天三夜，尸骨遍地，战马横野。十几年前，一场暴风雨冲刮出来很多铠甲金片、金丝、剑鞘、玉佩、冠珠、陶罐、铜鼎、玉盘、佛龛等宝物。从此村里人才发现我们村遍地是宝。看，王子坟就在那一片……传说有一个王子在这里阵亡，就地掩埋，陪葬品丰厚。”这之后，多少年来，每来一场大风雨，小贾庄的人争先恐后往外跑，干什么去？捡金子、捡银子、捡古董、捡盔甲的鳞片……总之是捡宝贝。老先生们说，凡是小贾庄的人，都在地里捡过金银、古董等宝贝，不过有的人家捡得多、有的人家捡得少罢了。

在小贾庄村，我们拜见了这位沈福永老先生，说起村里往事，仍然是滔滔不绝。谈及溯河的漕运，他说："据长辈们说，小贾庄一带在古代也是粮草屯积地。当时村东边的溯河很宽，水很大，水运比较发达。"谢过了沈福永，经熟人介绍，我们又走访了几户人家，向其他几位德高望重的耆老进一步印证了溯河漕运及小贾庄屯粮积草的传说。（见图 2-3）

图 2-3 小贾庄村东侧溯河故道

传说，不能作为历史，但传说的背后，却往往与真实的历史有着莫大关联。在小贾庄走访期间，我目睹了散落在农户家里的青铜箭镞、弩机、青铜剑、带钩、铠甲片、铜马饰、刀币，还有灰陶、釉陶、瓷器等等。（见图 2-4 ～图 2-7）

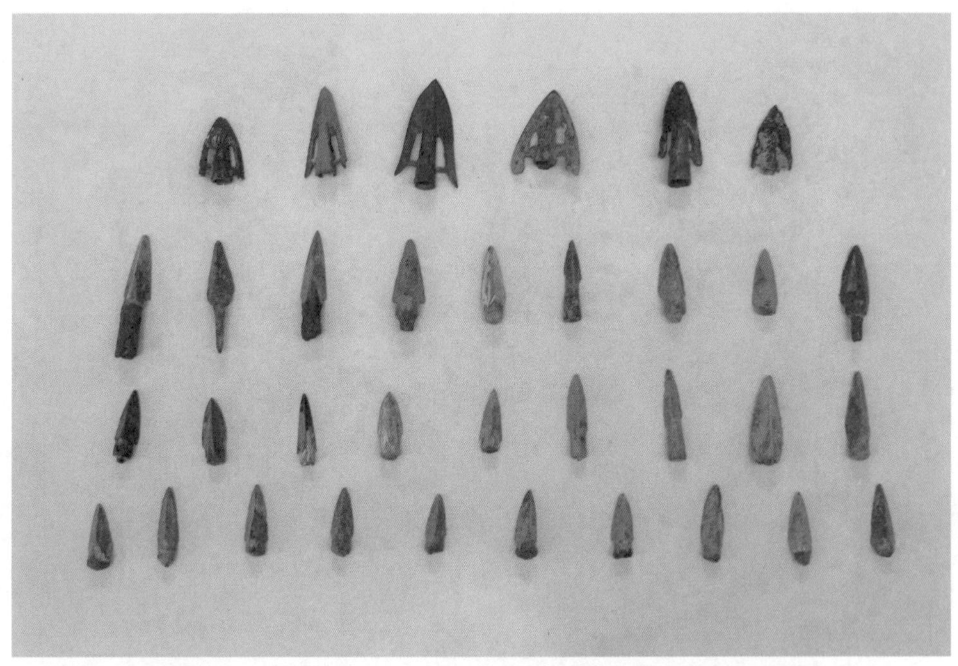

图 2-4 笔者在小贾庄走访时收集的青铜箭镞

图 2-5 笔者在小贾庄走访时发现的古代兵器等

图 2-6 笔者在小贾庄走访时发现的新莽时期铜币

图 2-7 笔者走访小贾庄一带发现的灰陶、釉陶等

其间，有一位年轻人悄悄地告诉我："前些年，就在我们村南边周夏庄、小坡子一带的大土坡上，人们挖沙取土时，发现一批石刻墓碑。据说，这些碑是汉代墓碑，有的还是阵亡水军将士的碑。"这位热心村民的介绍提醒了我。查阅资料时，果然在滦南县政协2019年辑印的《滦南古今概览》中找到了记载：

近年来，在东距滦河约11公里的殷庄、大马庄一带陆续出土了一批有明确纪年的两汉石碑，多达206块，纪年从西汉昭帝元凤二年（前79）至东汉献帝初平四年（193），时间跨度272年。这些石碑所在的墓葬群，西南临周夏庄村汉代遗址和小坡子遗址，东临殷庄遗址，北距小贾庄汉代古战场遗址约3公里。这批石刻具有重要的文献价值，印证了史书所载新莽、东汉时期中央政府对匈奴、鲜卑、高句丽、乌桓等边疆的战争。

文中所列新出土的石刻有：

军都尉济阴甄城张平，元兴二年二月廿日，海阳之战物故，死于此下。

奉车都尉汝南郡陵王永，延平元年四月廿二日，海阳之战物故，死于此下，春秋三十又四。

等等。

文中还介绍：

值得注意的是，这批石刻中还出现了辽西楼船士的志石，说明在当时的辽西郡，有专门的水军设置，也进一步反映了辽西郡水运繁荣的状况。

结合小贾庄那位年轻村民的介绍和《滦南古今概览》所载出土古碑刻的地理位置，可以确认，这些两汉时期的古碑石刻，基本出自溯河古道两岸。而这些，又都与2016年唐山市文物古建研究所在滦南县小贾庄汉代古战场遗址开展文物调查和勘探工作得出的结论相吻合：

根据调查采集器物和勘探工作分析，此遗址从汉代一直延续到两晋时期。（见图2-8）

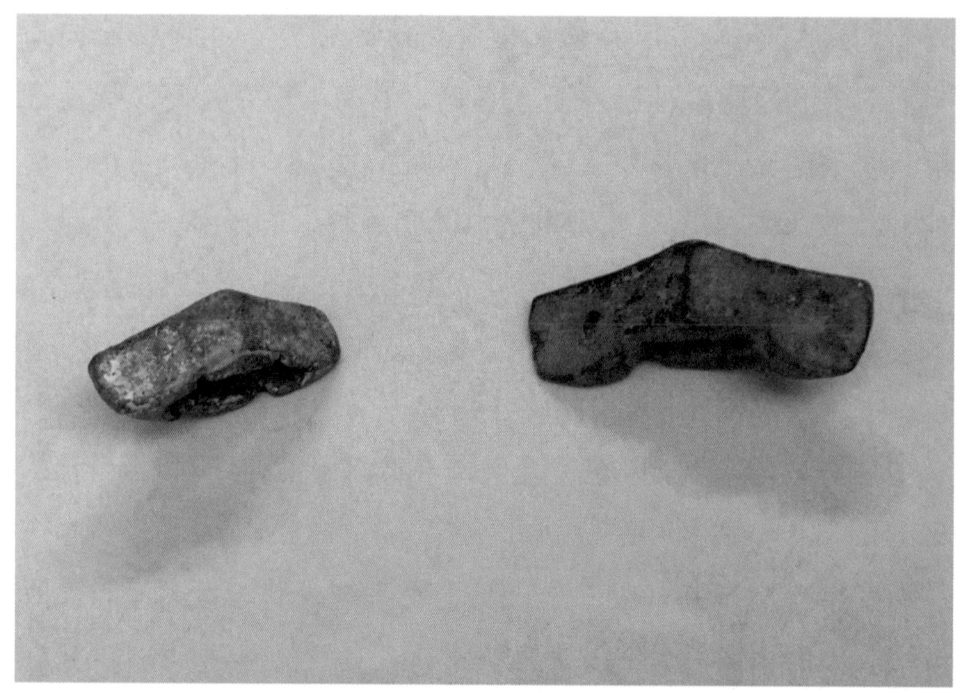

图2-8 溯河沿岸小贾庄汉代古战场遗址附近出土的汉代青铜剑挡

“青铜箭镞、弩机、青铜剑、铜马饰”，“粮草屯积地”，“海阳之战物故，死于此下”，“辽西楼船士志石”，将这些碎片化的遗存整理在一起，我们不难还原出：两汉期间，载着将士、战马的楼船、艨艟，在潮河上游小贾庄古战场遗址处靠岸，将士们冒着雨点般飞来的箭矢，与来犯之敌厮杀，金戈相击、战马嘶鸣、血染沙场的惨烈场面。

《资治通鉴》（卷五十）中记载了东汉安帝时，鲜卑族两次发兵侵犯马城的战事（古马城与小贾庄汉代古战场遗址隔潮河相望，位于潮河东岸）：

元初六年（119）秋七月，鲜卑寇马城。度辽将军邓遵及中郎将马叔帅南单于追击，大破之。

建光元年（121）秋，鲜卑围乌桓校尉徐常于马城。度辽将军耿夔与幽州刺史庞参发广阳、渔阳、涿郡甲卒救之，鲜卑解去。

鲜卑族在三年之中两次兵犯马城，可见，东汉时潮河上游的马城、小贾庄古战场遗址一带"粮草屯积地"之重要。而将战场摆在潮河西岸今小贾庄汉代古战场遗址，足见潮河漕运在当时的重要。

可以这么讲，如果没有潮河漕运，也就不会有从汉代一直延续到两晋时期的小贾庄古战场遗址和"楼船士""死于此下"的志碑遗存，再结合小贾庄村耆老代代相因的"粮草屯积地"传说，可以确定，潮河漕运从汉代到两晋时期一直延续。

漕运的历史，可以追溯到秦代。

《读史方舆纪要》载：海运自秦已有之。

《史记·主父偃列传》亦有秦时漕运的记载。秦始皇的巡海活动亦可作为秦代漕运发达的证明。在巡游中，秦始皇曾视察过前齐国、燕国散布在渤海沿岸的港口。秦始皇统一中国后，推行郡县制，潮河流域属辽西郡管辖。秦始皇在统一六国后的当年，就下令“修驰道，筹粮饷”。秦王朝规定，驰道的宽度为“三百尺”（当时的秦尺），驰道的中央要有三十尺宽的一条路，专供皇帝使用。其中齐燕驰道的燕国段（辽西道），从溯河上游的原孤竹侯国都城南部经过（《唐山历史写真》）。史料记载的公元前 215 年秦始皇来旧燕地巡游，亦是经由这条驰道到达碣石的。

关于秦代的溯河漕运活动，史志上语焉不详。但《天下郡国利病书》已将溯河列入“秦汉以来漕运故道”。1980 年，在小贾庄南部溯河上游故道中，村民挖沙取土时发现了一批秦代铁锛。（见图 2-9）这批铁锛没有使用痕迹，据考证，应是由中原地区（今邯郸一带）海河联运而来，疑为秦代修筑驰道时的工具。这批铁锛的出土，印证了秦代溯河漕运的存在。

图 2-9 溯河上游故道出土的大批秦代铁锛

此外，《资治通鉴》载：

始皇三十二年（前215），始皇巡北边，从上郡入。卢生使入海还，因奏《录图书》曰：“亡秦者胡也。”始皇乃遣将军蒙恬发兵三十万人，北伐匈奴。

据史料介绍，秦始皇为北击匈奴，在今山东一带设“黄、陲、琅玡”三大粮仓，曾自山东沿海一带漕运军粮抵于北河（今内蒙古乌加河一带），时南来漕船抵漂渤海湾北岸时，是否沿溯河北上，史志和地方文献多泛泛而谈。但据《滦河志》介绍：“约公元前3000年左右……滦河（下游）就是现在的溯河。”这之后，关于滦河东移的记载，在笔者所能查阅的史料中，直到400多年后，东汉末的《水经》中，才有记述，且语焉不详。因此，秦代早期，滦河大致仍是借溯河入海的。

值得注意的是，在古代，海河联运粮草军械，并非所有通海之河均可驶入，能通漕运之海河通道，必须在河道入海口外有“大沟漕”与之相连。而溯河口外则具备由海入河、海河联运的海底深槽。（见图2-10～图2-12）

据考证，其入海口外之“大沟槽”（今当地渔民所称“西坑口子”），与渤海湾北路航线上曹妃甸岛南侧至西坑坨南侧的潮汐深槽“老龙沟”相通。对此，《读史方舆纪要》有载：

古代南船北上渤海（河北），由海通河者，自三岔口河有三道，一由直沽经白河至通州……一由芦台经黑洋河蚕沙口、青河至滦州……是滦之槽……自辽西至北平无不过通者。

文中所称“蚕沙口”，自古就是溯河唯一的入海口，被誉为古代海运入京东辽西的必经之口。而这里的“是滦之槽”，

图 2-10 笔者乘船考察“西坑口子”深槽及渤海湾北路航线“老龙沟”海底深槽（一）

图 2-11 笔者乘船考察“西坑口子”深槽及渤海湾北路航线“老龙沟”海底深槽（二）

图 2-12 笔者现场走访溯河左岸、右岸诸河

则是渤海湾北路航线上由“老龙沟”海底深槽进入“西坑口子”深槽而入溯河的天然沟槽。据考证，这种天然沟槽，在今溯河左岸的青河、滦河及右岸的沙河、陡河之入海口外均未发现。

此外，20 世纪 80 年代初，溯河上游农民在乐营村北部溯河故道挖沙取土时，发现的 4 件秦代战车轴上的铁制轴锏，可以证实秦代溯河漕运的存在（见图 2-13）。

相关资料显示，战国时期，人们开始在战车的轴、毂之间装置金属轴瓦，以减少摩擦。古代战车的轴瓦由“锏”和“釭”组成。《说文》记载：

锏，车轴铁也。

釭，车毂中铁也。

图 2-13 溯河上游故道出土的秦代铁锏（秦代战车轴锏）

可见，锏装于轴上，钉装于毂内，锏钉正好相配合。古代一个车轴上有两个轮子，故应有两个轴锏。溯河故道河套地出土的 4 个铁锏，从口径上看应是两对。且在同一现场还出土了一件青铜铍和其他几件铁器（见图 2-14、图 2-15）。据考证，青铜铍为秦代一种类似短剑的兵器，而现场出土的铁器则应是古代撑船所必备之长篙上的铁钩等。这些铁钩与铁锏、青铜铍在同一地点出土，证明载运战车和兵将的漕船在这里沉没。

本世纪初，农民在溯河上游河套地挖沙取土时发现的一批 70 多件铁镭、8 件 V 型铁犁冠、32 件铁铧（见图 2-16 ～图 2-19），据考证，为秦代铁镭、铁犁冠、铁铧犁。现场出土的这些铁器均无使用痕迹，且部分 V 型铁犁冠是成摞出现的，有关学者认为，这批铁镭、铁犁冠、铁铧犁亦应是由中原地区

图 2-14 与秦代铁锏在同一现场出土的秦代青铜铍

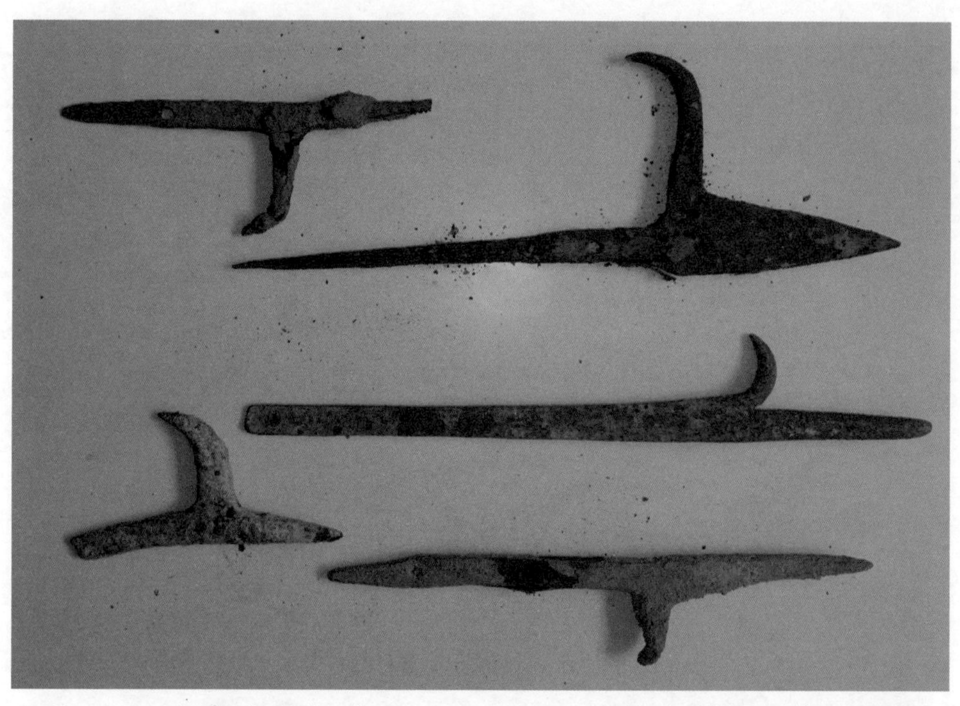

图 2-15 与秦代铁锏在同一现场出土的秦代战船撑篙的铁钩

图 2-16 农民在潮河上游河套地发现的大批秦代铁镭

图 2-17 农民在潮河上游河套地发现的秦代铁犁冠

图 2-18 农民在潮河上游河套地发现的秦代铁铧犁

图 2-19 农民在潮河上游河套地发现的秦代无使用痕迹铁铧

漕运而来，因船只在此地沉没而遗存下来。这批铁制农具可能与秦始皇击退匈奴后，于公元前 211 年北迁 3 万户，开发北地，建设抗击匈奴后方基地有关。这些秦代铁锸、铁犁冠、铁铧犁的出土，亦应是秦代溯河漕运的真实物证。

秦时，溯河北抵边关驰道，南通渤海深槽，在秦始皇北击匈奴漕运军需的过程中，由山东泛海而来之漕船，在渤海湾北岸选择蚕沙河口进入溯河北上，实际上是选择了一条天然的海河联运通道。

接下来再结合上文涉及的“辽西郡”“海阳”“楼船士”等，探讨两汉时的溯河漕运。

1999 年 2 月出版的《唐山历史写真》中，刊载了一幅《东汉末曹操北征乌桓时，海陆交通及登临碣石路线图》（见图 2-20）。

这幅图明确地标注了辽西郡、海阳（县）、乌丸（乌桓）的位置。从图上看，从孤竹国都城西侧向南流出、经海阳县东逶迤南下入海的这条河，应是溯河，其在入海口标注“铁锚”符号处，应是溯河入海口（东汉时港口），而图中“铁锚”对应的海中小岛，便是曹妃甸岛。图中所示的新河，经海阳城南与溯河交汇，可见，溯河在汉代时已经纳入了北起渤海、南至中原的海运交通体系。这幅《东汉末曹操北征乌桓时，海陆交通及登临碣石路线图》，也从另一个角度，反映出汉代溯河漕运的重要。这里所示的新河，是东汉末年曹操为北伐乌桓而凿。

东汉末年，中原地区出现军阀割据局面，盘踞在辽西的乌桓势力逐渐强大。他们趁中原大乱之机向南发展，控制了右北

图 2-20 东汉末曹操北征乌桓时，海陆交通及登临碣石路线图

（选自《唐山历史写真》）

平郡。其首领蹋顿单于投靠袁绍。当时曹操正在“挟天子以令诸侯”，实力强大。建安七年，曹操闻江东孙策死，开始筹备北征袁绍的战争。200 年，曹操在官渡之战中一举击败袁绍。袁绍死后，其子袁尚、袁谭为夺位相攻。袁谭力不能及，乃约曹操共图袁尚，是年冬十月，曹军进攻袁尚，进军至邺城一

带时，因粮草不足，曹操退军。再度兴师时，曹操吸取了教训，乃“遏其水入白沟以通粮道”，最终战败袁尚。后袁尚等带领余部投奔了辽西的乌桓。曹操为了消灭袁尚的残余势力稳定北疆，于建安十一年定计讨伐乌桓。然“太祖患军粮难致”，遂下令凿“平虏渠”“泉州渠”（在今天津武清），将漕运联通幽州城。而乌桓单于蹋顿的王帐设于燕山山脉深处的大凌河流域，于是曹操又下令开凿了“新河”以利漕运。新河从泉州渠口的盐关口（在今天津宝坻）开始，向东横穿今陡河、沙河、溯河、滦河等河流后，东南入于渤海。新河是曹操的一个壮举，在当时的条件下，能横截这些河流开凿一条人工运河，确是一项伟大的设计，它使北伐乌桓的粮草，最大限度地集结于燕山南麓。曹操于建安十二年（207）出兵北击乌桓，“秋七月，大水，傍海道不通”（《三国志·魏书》）曹操用田畴之计“上徐无，出卢龙，历平刚……逐（乌桓军）至柳城”（《三国志·田畴传》）。这里讲的“徐无”在今玉田、遵化二县之间，“卢龙”即今滦州、卢龙一带。这次北征摧毁了乌桓和袁尚残余势力，收复了右北平郡和辽西郡。应该肯定的是，新河及其横截溯河、滦河等河后所形成的漕运体系，在这场北征乌桓的战役中，为曹操大军的粮草北运发挥了重要作用。

据《水经注·濡水》载：

魏太祖征蹋顿，与沟口俱导也，世谓之新河矣。

而关于新河与溯河的交汇，《水经注》曰：

新河又东出海阳县，与缓虚水会……新河又东与素河会，谓之白水口，水出令支县之蓝山，南合新河，又东南入海。

文中的“缓虚水”即今溯河西部的沙河，“素河”即溯河，溯是“素”的音变（此为中国历史地理学家黄盛璋之译释）。而“白水口”即溯河与汉时新河的交叉口。值得注意的是，《水经注》中介绍新河与南北向河流相汇时，一般仅介绍新河与某某河汇，如：“新河又东出海阳与缓虚水会。”“新河又东，与清水会，水出海阳县。”“新河又东会于濡”等，而在介绍“新河又东与素河会”之后，紧接着又强调了一句“谓之白水口”。可见，溯河与新河相汇的“白水口”，在东汉年间，已具备一定的知名度。这就说明，在曹操开凿新河横截沙河、溯河、清河、滦河后所形成的漕运网络中，溯河是海河联运的重要通道。

20 世纪 70 年代末，溯河上游沿岸的村民，在溯河故道挖沙取土时，陆续发现的 5 件汉代行军锅（亦称曹操行军锅，邺城博物馆考证），便是汉时溯河漕运军械粮草的铁证（见图2-21、图 2-22）。

这也契合了《读史方舆纪要》所称“由海通河者，自三岔口河有三道”、由蚕沙口入海的溯河为其中之一的历史记载。

时漕船自山东沿海抵漂渝津（今天津沿海一带），再由三岔口往东，海河联运军需，接济“徐无”、“卢龙”（今玉田、遵化、滦州、卢龙）一带逐乌桓军战事，溯河是由海通河的最佳选择。据此，也应该肯定：在曹操北征乌桓的战役中，溯河为曹军军械粮草海河联运北上发挥了重要作用。

图 2-21 溯河上游故道中农民挖沙取土时发现的汉代行军锅（亦称曹操行军锅）（直径 84 厘米）

图 2-22 溯河上游故道中发现的 5 件汉代行军锅

溯河流域，因其特殊的地理位置和自然优势，成为历代兵家必争之地：

殷商时期（前 13 世纪），该流域属孤竹国。

西周时期（前 11 世纪～前 771），该流域仍隶属孤竹国。

春秋战国时期（前 770 ～前 221），该流域前期属燕国，秦始皇二十一年（前 226）属秦，秦始皇二十六年（前 221）秦分天下为三十六郡，该流域属辽西郡。

西汉高祖五年（前 202），该流域入燕国，属辽西郡海阳县。

东汉时期，该流域仍属辽西郡海阳县。

三国时期，该流域入魏，仍属辽西郡海阳县。

两晋时期，该流域属平州辽西郡海阳县。

南北朝时期，北齐文宣帝天保三年（552），省海阳入肥如，该流域属平州辽西郡肥如县。

由上，我们大致了解了“辽西郡”“海阳”的来龙去脉，接下来再介绍“楼船士”。

汉朝水运和造船业已空前兴旺，汉武帝刘彻（前 141 ～前 87），为了巩固中央集权，维护国家统一，同时也为了发展海外贸易，建立了强大的水军。汉时由楼船的将军统领水军，所以，在汉朝，楼船是水军的主力战船。据《三国会要》载，大的楼船可“载坐直之士三千人”。此外，还有艨艟、斗舰、舸船等各类战船。艨艟是一种战斗力较强的战船，外面蒙着牛皮，使敌人的箭射不到里面的士兵，里面的人却可以用弓箭和长枪从小孔中杀伤敌人。斗舰是一种比艨艟更大的战船，战斗力更强。而舸船则是一种非常灵巧的战船，速度和灵活性很高。

两汉至三国两晋时期，水军已成为重要的军事力量。自曹操北征乌桓开凿新河以后，沿渤海北岸由西向东的新河，将燕山南部平原上南北走向的封大水（陡河）、缓虚水（沙河）、素河（溯河）、清水（青河）、濡水（滦河）横向贯通，形成了较为发达的漕运网络，且以溯河的入海口为南来漕船由海入河承载航运的能力为最佳。而小贾庄汉代古战场遗址在溯河上游，其向南3公里溯河西岸出土的“辽西郡楼船士”战死于此的墓石志，证明死者为“楼船”上的士兵。按照两汉时的水军船队建制，楼船为水军将领指挥作战的主力战船，楼船作战时，必有艨艟、斗舰、舸船相互配合。“楼船士”战死于此地，可见当时战场规模之大。

两汉时期溯河上游能够承载楼船、群艨、斗舰水上激战，可知溯河在当时的通航能力之大。

溯河，从商周的孤竹古城走来，在秦汉至北朝的历史演变中，为扼制匈奴、东胡、鲜卑等游牧民族势力向南扩展，拱卫中原北部边境安宁，起到了重要作用。

遗憾的是，在众多历史文献中，关于这一时期溯河漕运的记载甚少。幸亏，这些遗址、遗迹、墓碑、石刻、考古发掘和散落在民间的遗物、传说，留下了秦汉时期溯河漕运的历史印记。

还有，这次在小贾庄的走访中，我们有幸从农户家中陆续收到了十几件古代瓷器，以备研究。其中有一件东汉时河南地区产“绿釉双耳羽觞杯”。将这件羽觞杯与中国国家博物馆某研究员于2011年8月3日鉴定并亲笔签字的一件东汉绿釉羽觞杯进行比对，大小尺寸一样，釉色一样，胎质一样，器型一样，应出自同一窑口、同一时代（见图 2-23、图 2-24）。

羽觞，是中国古代的一种盛酒器具，战国时代就有，当时是青铜器，其外形如同一只小舟，到了汉代被定名为羽觞杯，

图 2-23 小贾庄村民在莲台寺遗址旁发现的汉代绿釉羽觞杯

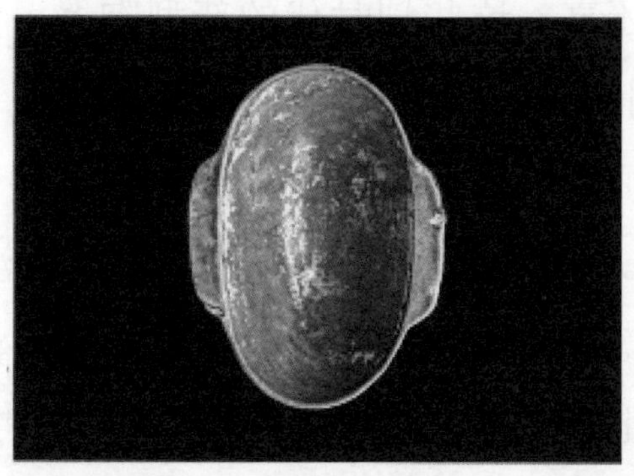

图 2-24 经专家鉴定的（河南地区产）东汉绿釉羽觞杯

因为有双耳（古人礼仪，双手执酒杯饮酒），又叫双耳杯，一直延续到魏晋南北朝，到唐代绝迹。早期的羽觞，有金质、玉质或漆器质，到了东汉时期，随着制陶业的发展和佛教文化的传入，羽觞又作为礼器延续，并出现了仿青铜颜色的时尚品“青瓷羽觞”。

在那个时代，这种精巧的器物，普通人不能拥有，王以上的达官贵人才能使用。三国曹植《七启》诗“盛以翠樽，酌以雕觞。浮蚁鼎沸，酷烈馨香”中的“觞”指的就是羽觞。而到宋代，如欧阳修《浣溪沙·灯烬垂花月似霜》一词中“双手舞余拖翠袖，一声歌已釂金觞”，指的就不是真的金羽觞了，而是泛指酒杯，因为宋代已无羽觞。

关于“釉陶”，上面提到的“青瓷羽觞”实际不是陶瓷，而是带有浅绿釉的陶器。中国是陶瓷的故乡，考古学家普遍认为，西汉以前基本没有带釉的陶器。在陶器上施釉，最早为西汉末年。到了东汉时期，陶工们取法青铜的颜色，特别发展了青绿釉的烧制工艺，这才生产出了当时上层社会的时尚品绿色釉陶。据专家分析，那时生产绿色釉陶的成本，要比同时期生产铜器的成本还高，这些划时代的新型陶器，为自此七八百年后中国瓷器的出现，奠定了基础。

笔者在潮河沿岸考察时，又陆续发现几件散落在农户家里的绿釉陶仓等。在一户农家还发现了一件东汉绿釉博山妆奁（见图 2-25）。此外，在 1976 年发掘的潮河流域新立庄汉代遗址中，也出土了一件东汉绿釉陶楼。

东汉年间，这些产自中原地区的绿色釉陶，能在地处北边

图 2-25 溯河沿岸出土的东汉绿釉博山妆奁

之地的溯河流域大量使用，说明溯河漕运在两汉时期，不仅为中原王朝抵御外侮的战争和接济军需发挥了重要作用，同时也为溯河流域所在的北部边区与中原腹地的贸易往来和文化交流做出了重要贡献。

综上，潮河上游故道中，成批秦代铁锛、铁锸、铁犁冠（成摞）的发现，和船用撑篙铁钩、秦代战车轴锏、青铜铍在同一现场的出土，证实了秦代潮河漕运的存在；潮河上游故道中汉代行军锅（曹操行军锅）的陆续出土，证实了汉代潮河漕运的延续；小贾庄“从汉代一直延续到两晋时期”的古战场遗址，亦是这一时期潮河漕运的较好佐证。

小贾庄汉代古战场遗址，位于潮河上游西岸，北靠秦始皇统一六国之初所修东西驰道，故应为秦汉时北境军需海河联运之漕运的重要节点。由此转漕陆路，亦可将南来军械粮草运抵军前。

东汉末年虽开凿新河横截南北向诸河，形成北境漕运网络，但潮河仍是南来漕船北上，“泛海入濡”的必经之路。上述秦汉时期潮河漕运的物证分析及小贾庄汉代古战场遗址的存在，展现了从秦汉到两晋时期潮河漕运的历史脉络，而笔者在“潮河源流”一章中所展示的潮河口外“囊括唐宋元明清，且涉及窑口众多”的瓷器遗存，又可窥唐代以后潮河漕运的历史活动，这些是由潮河的天然优势所决定的。

关于秦汉时期的潮河漕运，由于史料奇缺，踏察、寻访所能发现能够支撑漕运研究的历史遗存目前仅有这些，期盼未来能有更多新的发现。

第三章 唐代的溯河漕运

从小贾庄汉代古战场遗址，沿着已经湮废的溯河故道，向南行走 1 里多远，就能看到溯河西岸的又一个大土丘。这里便是旧时被誉为“滦州十二景”之一的小贾庄莲台寺遗址。（见图 3-1）

《畿辅通志》载：

莲台寺在滦州南二十里，唐时建。

图 3-1 小贾庄莲台寺遗址

史料介绍，莲台寺建在高数十丈、阔数十亩的土丘上，其东北向的隰湖地为“花港”，大小溯河于此交汇，由寺东侧蜿蜒向南流去。莲台寺，古称“莲台烟寺”，占“香火地一顷二十亩”。当年，莲台四面环湾，坑泊河港相通，“莲台上，居高临下，东南西向，可见溪流弯弯，苇蒲荷菱一片；向北远眺，可见茫茫水泊，巍巍群山”（《滦南文物古迹寻踪》见图3-2、图3-3）。

图3-2 晚清张凤翔绘《莲台烟寺》

莲台寺地理位置示意图

图 3-3 小贾庄莲台寺遗址 （选自《滦南文物古迹寻踪》）

清嘉庆时期滦州知州吴士鸿曾赋诗莲台寺：

古刹深山一径开，漫随猿鹤听经来。
水围四面荷花港，烟锁千层化雨台。
贝叶昙云通忉利，珠宫琳阙近蓬莱。
遥看海外帆如驶，知是朝天贡使回。

然而，时过境迁，莲台寺今已圮废。当笔者走近“莲台寺”时，映入眼帘的仅是一个被挖沙取土而蚕食的黄土裸露的土丘，和一块河北省政府于 2008 年 10 月 25 日立“河北省文物保护单位，小贾庄莲台寺遗址”的文告碑。 站在高高的土丘上，当年“海外帆如驶”“朝天贡使回”的漕运船队已成往事，只有干涸的溯河故道似在述说漕运的过往。

唐初，为何在溯河上游建莲台寺？

据古碑记载，凡为唐王东征辽东高丽（高句丽）做出贡献的地方，都要立碑建寺。这一点，滦南县现存的《明初重修延庆寺塔碑记》有记载：

尝闻先达故老，口口相传，谓李唐征辽敬德辅之，凡膏秣（指军需粮草）所经，便为设寺建塔。或立碑刻铭，在在有之，不一而足。

小贾庄莲台寺的兴建，是否与唐王东征高丽时的溯河漕运有关？

关于唐代溯河漕运，所见史志无详细记载。查阅地方文献，仅在 2004 年出版的《滦南文物古迹寻踪》中有这样的描述：

唐朝从贞观十九年开始，唐太宗、唐高宗多次征战高丽，战场摆到了今辽宁盖平地界，军械粮草，多靠“泛海入濡”从中原而来。南来载军械粮草之船入渤海，从蚕沙河口转溯河至马城，或转陆路东进辽西，运送到军前。

史料介绍，唐朝对北方民族的战争，不同于汉朝反击匈奴。汉朝对匈奴的战争经历了汉高祖、汉惠帝、汉文帝、汉景帝四代帝王六十多年，且征战之中几经反复，终汉武帝一朝也未能彻底收服匈奴。而唐朝的速度却快得多，在贞观初年，经过短短几年休养生息后，迅速发动了反击突厥的战争，并给予其致命的打击。然后，就是一鼓作气开疆拓土，扫平了周边群雄。在解决了西域和北部的问题之后，唐王朝还要向东线扩张，东征高丽（今辽河以东地区和朝鲜半岛北）。但比起北线和西线的摧枯拉朽，东线战争却旷日持久。史料载，贞观十九年（645）二月，唐太宗李世民亲率十万唐军东征高丽，经过半年多的苦战，夺取了十几座城池。但在攻打安市城时，遇到了高丽军队顽强抵抗，久攻不克，粮草将尽。对此，《旧唐书》有载：

太宗以辽东仓储无几，士卒寒冻，乃下诏归师。

唐太宗于旧历九月下令班师，亲率3000骑兵入临榆关（今山海关）后，在今滦州马城一带，与从长安千里迎驾的太子李治相遇。唐太宗与太子驻跸大城山（今唐山由此得名）后回都。

此次战役之所以在初战告捷后遭受挫折，无功而返，除高丽军队坚壁清野顽强抵抗外，后期东征大军粮草吃紧，当是一个重要的原因。此后，唐太宗、唐高宗持续东征高丽过程中，均将边储粮草视为军需之重。在彻底征服了高丽后，朝廷“在今唐山一带建筑了一些要塞，又兴建了唐兴寺（在今唐山南郊）、净觉寺（在今玉田）等寺庙”（《唐山历史写真》）据此，可以认为，唐初建小贾庄莲台寺，盖因溯河漕运支持东征高丽之功。故，小贾庄莲台寺，或为唐代溯河漕运的见证。

在征服高丽之后，唐朝出于边关屯兵和积粮的需要，在今唐山一带建了一些城池，如平安城（今遵化）、万年城（今迁西三屯营北）、平州城（今卢龙县）等。并于唐开元二十八年（740），“置马城县，以利水运”，隶属幽州节度使，以加强东线戍边大军的供给。时马城县管辖今滦州、滦南县、乐亭县、曹妃甸区及丰南的东境，扼滦河、溯河漕运之咽喉。古马城与小贾庄莲台寺隔溯河相望，据古代佚名《重修莲台寺东道募文》载：

滦阳莲台寺东花港桥西，有古道高固，东西来往之通衢也。

可知，在古代莲台寺与马城间陆路畅通。所以，唐初马城置县使小贾庄马城一带，成为重要的粮草屯积地和水陆交通枢纽。

这一时期，溯河漕运为东线数十万戍边将士的军需物资供应提供了重要支撑。

20世纪80年代初，溯河沿岸大马庄农民在溯河上游河套中挖沙取土时，挖出的3件铁马镫（见图3-4），据考证为唐代铁马镫。根据冷兵器研究所公布的资料，唐代时铁马镫已为骑兵配置。这些铁马镫在河套地出土，可以佐证唐代溯河漕运军械粮草活动的存在。

此外，溯河故道沿岸出土的“明寿官刘公墓志铭”石刻，亦可见证唐初溯河漕运的存在。（见图3-5、图3-6）

该墓志铭系山东监察御史韩应庚于明万历二十二年

图 3-4 溯河上游河套地出土的唐代铁马镫

（1594），为溯河流域漕运义士刘后泉所书铭文。文中介绍：

粤自老高祖祥福……开基马城即能为万夫长，赀甲闾里……，祥福生小大，小大生彦才，亦赀甲闾里，招工以筑滦清二河漕运闸。

铭文中“老高祖祥福”为墓主人刘后泉的先祖，铭文中的“开基马城即能为万夫长”，其中“开基马城”指马城置县，其时间为唐开元二十八年；“即能为万夫长”，是说刘祥福在马城置县伊始即为镇守马城边塞之戍边将领。而铭文中介绍的刘祥福的嫡孙“招工以筑滦清二河漕运闸”，指明了“滦清二河漕运闸”建于唐初。

图 3-5 潮河沿岸出土的《明寿官刘公墓志铭》石刻（局部）

图 3-6　潮河沿岸出土的《明寿官刘公墓志铭》拓片

这段铭文，清楚地记录了唐代早期“筑滦清二河漕运闸”的历史事件。铭文中所述之“滦清二河”，即滦河和清河。清河亦称青河，是滦河的一个分支。据《元史·河渠志》《滦县志》记载，元泰定元年（1324）以前，滦河从西岸的王家闸（今马庄东北 5 里许，已湮）分出支河叫青河。青河又分东西两支，西支青河从王家闸，经蔡家营、许家坟、南闸头（今暖泉）、破桥（今城子）至宋道口，逶迤南下于蚕沙口入海。可见唐代时青河也是汇入溯河入海的。由此亦可确定唐代时溯河漕运的存在。这也契合了溯河“秦汉以来漕运故道”的记载。

“滦清二河漕运闸”今已湮。这通明代墓志铭石刻，记载了唐初始建“滦清二河漕运闸”的历史事件，十分珍贵，是唐初溯河漕运的稀有证据。

时溯河上游的今小贾庄、古马城遗址一带，北接横穿东西的秦代驰道，向西经幽州（今北京）通向都城长安，向东经临榆关（今山海关）直达辽东。而溯河，借助东汉时曹操开凿的新河漕运网络，更是四通八达。

唐代北方地区的漕运上承汉晋。东汉时期，曹操下令开凿的新河，使溯河融入了新的漕运体系，为溯河漕运在唐代的空前繁荣打下了基础。但史料上关于新河在溯河、滦河流域的径流情况及漕运关系记载较少。下面通过遗址、遗迹等多方面进行研究。

溯河从小贾庄莲台寺东向南延伸，经大贾庄、殷庄后再南下至乐营、梁营村逶迤向南，笔者沿途寻访。

从乐营到梁营，由北向南约两公里，在这一段溯河之上，史料记载曾坐落有“波落桥”，今已湮废。波落桥不是普通的桥，而是有着特殊功能之桥，故史志多对其重墨以记。据史料载，清嘉庆十九年（1814）以前，波落为二桥，不知建于何年。嘉庆十九年，善士李学礼等重修时又新建一座，波落增为三桥。据《滦南文物古迹寻踪》介绍，乐营村存石碑一截，约三分之一，记载了溯河及波落桥的一些情况。残缺碑文为：

……奔腾澎湃而入于海，波涛乎不可遏……斯桥是赖，故名曰波落，吾不知始于何年……

由是可见，溯河上游的乐营至梁营段，当时水急浪高。“斯桥是赖，故名曰波落”，即阻挡波浪，这桥是依靠，意思是缓解水势。波，波浪；落，降低。“波落桥”之所以能够缓流，是因为在桥下河水中，用大石块儿砌成台阶状的石墩，横截河底，但不影响水上行船，然后再沿横截河流的石墩之上架桥。二桥间隔一定的“科学”距离，以便实现波落，减缓水流。至于为何在此处建波落桥，笔者所能查阅的史料上没有明确记载。但咸丰五年（1855）重修波落桥时，滦州知州祁之鏼所撰重修波落桥碑文被收入《滦州志》。其文曰：

查城南（滦州城南）三十里，泝河一道，旧有桥三座，名曰波落……迄今半就倾圮。武生闫德生好义者也，又复倡率诸生协谋重筑，以济往来，工讫，具禀丐记于余，详东西水面三百余弓，两旁俱有堤岸，宽三丈五尺，……诚义举也。

由此可知，咸丰五年重修波落桥，是因该桥已“半就倾圮”，重修之目的，乃“以济往来”。笔者认为，始建波落桥，绝非“以济往来”这么简单，其意图重在“波落”。虽史志及坊间耆老均不明其始建于何年，但始建波落桥，必有其特殊意义。文中所记“详东西水面三百余弓”，指溯河在乐营至梁营段东西水面宽为“三百余弓”。旧时“一弓为六尺”，可知溯河在此段水面有600米宽，且水深流急。在如此宽的河道上建两座波落桥，其构思之巧妙，工程之浩繁，斥资之昂贵，可想而知。所以始建此桥，济民以便往来是次，“波落”以减水急，应是主也。至于为何要选择在溯河的这一段强行波落，值得研究。

在乐营至梁营段溯河为南北走向，笔者现场踏察时，在溯河西岸发现了一批堆在河边路基旁的古代条形大石块，是堤坝上修路时挖出的古代波落桥下所砌的石块（见图 3-7）。这些石块证实了波落桥桥下砌石缓流的存在。

图 3-7 溯河上游乐营至梁营段堆放的波落桥下砌石遗存

溯河在乐营村以北往上游蜿蜒至小贾庄，再至滦州的古马、东安各庄等镇，再往上延伸，虽古河道尚可辨识，但河已湮废。从乐营村向南溯河水流湍急，两岸修了护坡。这是由于新中国成立后为保障下游农田灌溉，兴修滦柏干渠时借用了乐营下游的一段溯河为输水干渠。（见图 3-8）

图 3-8 溯河上游乐营至梁营段（笔者摄于 2022 年 8 月）

从现场踏察溯河故道看，溯河从梁营村南部转而东南至倴城以东的王家土村后，又转而向西南延伸。从梁营村往下十几公里的溯河故道沿线，无重点建筑，亦无重要设施。那么，始建波落桥究竟为何？

中国科学院历史地理学家、古文字研究专家黄盛璋先生，在其《曹操主持开凿的运河及其贡献》中，对东汉时曹操主持开凿的西起盐关口（今天津宝坻）、东南至乐安县（今唐山乐亭）入海的新河，曾做了认真考证：

新河会濡水处，濡水即滦河，但下游经常摆动，现亦不经旧镇庄，相距尚有数里。会濡水处确址更不可考。《乐亭县志》

“有新河套在县西二十五里，夹于河（青河）滦之间”，认为即曹操所开新河之遗，今河套地名尚可访问。新河可能经过这里，但其地并无遗址。以上关于新河径流实地考察，目前所能做的就是这些，虽一一落实尚有困难，但基本通流方向、部位，大致可以恢复。这些河（溯河、清河、滦河等）都是自北向南流入海。而新河则横截这些河，并截取其中一部分为运河水渠，横截之处必采取一定措施，所以新河开凿工程比较大，也比较复杂，并且旧未曾有。新河的得名大概就是因曹操第一次开凿，可惜记载简略，如何施工开凿，全无可考。《水经注》虽记载新河径流较为详细，但对于所过诸河的水工措施，包括堰闸等设计与建筑情况全都未提。在当时条件下能横截这些河流，完全开凿一条人工运河，在水利工程史上不能不认为是一项伟大而稀见的设计与创造。

那么，波落桥是否就是黄盛璋先生谈及的新河横截“素河”时的“水工措施”呢？或者说，东汉末年开凿的新河，是否就是从梁营南部横截溯河而向东南今乐亭方向延伸的呢？

如果是，那么至少有以下三个方面问题可以得到解释：

其一，为当年重金建造波落桥找到了更确切的缘由。溯河由北向南水宽流急，新河横截溯河后，东西向漕运船只经“白水口”（新河与溯河交叉口）极易偏航或冲岸搁浅，在“白水口”上游建波落二桥，能有效减缓水流，以利新河干线行航。而“白水口”上游的梁营、乐营应为屯兵之地，既可调度沿溯河急流南下船只有序通航，又兼具护卫之职。据考证，乐营村曾有好几眼井排成一行，民间传说这些井最晚建于唐代，水清见底。

显然非村民饮水用井，而民间亦传这里曾经驻军。诸水井 1976 年大地震中损坏，遂掩埋地下。由此乐营作为古代屯兵之地，确有依据。

其二，为黄盛璋先生 1982 年考证的“夹于河滦之间”的新河故道提供后续支撑。新河若从梁营南部横截溯河，向东南乐亭方向延伸，必经清河上游，其横截清河后，正好与黄盛璋先生所考之在（乐亭）县西 25 里夹于河（清河）、滦（河）之间的“新河套”相契合，且该段新河故道已载入《乐亭县志》。

其三，为滦南县倴城以北“一溜十八泡”低洼地带提供了历史地理成因。滦南县倴城镇北部有东西走向的“一溜十八泡”，这 18 个泡是 18 个村，分别是：梁泡、高泡、于家泡、前蒋家泡、后蒋家泡、刘家泡、王家泡、葛家泡、钟泡、闫家泡、吴家泡、姜泡、张泡、杨家泡、前霍泡、后霍泡、唐家泡、方泡。这些村基本上是明朝永乐二年（1404）山西移民来此地而建。当时，官府将这“一溜十八泡”所在的空地安置给移民建村定居。因这一带地势低洼，雨季积水成泡，移民们就按驻村村民的族姓，在后面缀一个“泡”字，就成为村名了。后来有的姓氏人员少，如唐家泡，随着年代发展就并在了霍泡，小村并入了大村。

结合现场踏察，溯河故道在波落桥以南的径流大致如下：经梁营村西向南约二三里，至前染各庄再向南约二三里至唐家泡（今霍泡）折而向东南至倴城东部的王家土村西，其中，唐家泡（今霍泡）即是溯河故道由向南折而向东南的转折点。因其上游不远处建有波落桥，故这一节点应是当年溯河与新河的相汇处，谓之“白水口”，而由唐家泡（今霍泡）向左或向右的“一溜十八泡”所在地，应该就是东汉末年开凿的新河故道之河套地。根据溯河、新河的径流走向还可以看出，溯河与新河并非垂直相汇，而是在溯河折而向东南流时，斜向与新河汇，更便于河水向东南入海。这样，为减缓溯河急流，在其上游的梁营村北部设计建造波落桥是很有必要的。且波落桥始建时为二桥，两次波落，更能减缓水急。新河渐废后，因溯河在此段向东南流，每遇洪水，上游冲下来的泥沙，自然抬高“白水口”东南方向新河故道的河床，所以新河河套中，“一溜十八泡”往东的村庄不再叫“泡”，而叫北套、南套、崔套（指河套），再往东南就叫西沙窝、东沙窝了。当然，这些均待进一步考证。

“白水口”，这个新河与溯河的交叉口，因其在北境漕运体系中的特殊地位，使其在东汉开凿新河后声名远扬，以至于北魏年间著名地理学家郦道元踏察此地后，在其《水经注》中不惜笔墨专门将“白水口”点亮。时由“白水口”向南可沿溯河独流入海。而南来漕船泛海入溯后，向西可沿新河泛舟至盐关口，融入运河体系；向东可沿新河入滦河逆流北上，泛舟穿越燕山关塞；向北可沿溯河北上，直达秦时驰道，转漕陆路。

唐时，新河横截沙河、溯河、青河、滦河所形成的漕运网络尚较完善，溯河漕运自然引起东征高丽的唐王朝重视。

据史料载，唐王朝东征高丽之后，将大批东征将士留在溯河流域及今唐山一带定居，并在燕山南麓平原开荒种田，以充边储。据唐玄宗天宝八年（749）统计，唐山一带开垦荒地增收粮食 40 万石。时溯河流域“北有田园之丰，南有鱼盐之利”，溯河下游的南部沿海，煮盐业发展迅猛，出现了“万灶沿海而煮”的景象。随着农业和水陆交通的发展，这一带手工业和商贸业也渐渐发展起来，溯河漕运亦达到了空前繁荣。这一点，《永平府志》记载的“（滦）州南九十里，唐时建”的“砖窑店桥”可以佐证。砖窑店桥位于溯河中游的孙家坨段，与溯河左岸的东庄店商代文化遗址相邻，为域内有记载建造最早的古桥。古时桥西不远处有砖瓦窑，为装运砖瓦方便，古人便在溯河左右两侧挖人工河，使溯河水沿溯河流向一分为三，装运砖瓦的船只沿人工河道上行下行，并装运两侧货场的砖瓦等物资，以不影响溯河原道漕船通行。三条河道上每一条建拱桥一座，这三座桥名曰砖瓦店桥。砖瓦店桥，见证了唐代溯河漕运的繁忙。

时，泛海而来的南方物品经溯河漕运在今小贾庄马城一带转输，使小贾庄、马城一带南北客商往来不绝。溯河漕运为“北通涿郡之渔商，南通江都之转输，其为利也博”的盛唐漕运，添上了浓墨重彩的一笔。

在小贾庄走访时，就在离莲台寺不远的一户农家，我有幸收到了一件唐代邢窑执壶（见图 3-9）和一件唐代河南地区产白釉大碗（见图 3-10），据村民说，这件大碗出自莲台寺旁的土丘上。巧的是，这件出土瓷器与 1990 年溯河口外西坑坨海域出水的唐代河南地区产黑白釉碗（见图 3-11）同产自河南，一件出土自溯河上游的莲台寺遗址，一件出水自溯河口外的西坑坨海域。这说明唐代时，溯河已经参与了中原至北部边地的海河联运，为南北贸易往来发挥了重要作用。

图 3-9 小贾庄莲台寺旁出土的唐代邢窑执壶

图 3-10 小贾庄莲台寺遗址旁出土的唐代白釉大碗

图 3-11 溯河口外西坑坨海域出水的唐代黑白釉大碗

唐代的潮河漕运，既是东线几十万戍边大军的生命线，又是南北贸易和文化交流的重要支撑。

综上，唐代北境漕运，上承汉晋，兼有创造。

自唐开元二十八年“马城置县，以利水运”，潮河、滦河漕运开始繁荣。潮河沿岸出土的流域内漕运义士刘后泉墓之《明寿官刘公墓志铭》记录的“开基马城”“招工以筑滦清二河漕运闸”历史事件，既证实了唐初潮河漕运的存在，又客观地说明马城所辖清河之漕运，是在唐初完成了“筑滦清二河漕运闸”等必要的水工设施后才开始的。这也契合了地方文献关于滦河“偏凉汀码头始建于唐开元年间”（《京东第一码头偏凉汀》）的记载。

时清河（今青河）下游汇入潮河入海，这条滦清二河漕运路线，因清河河道偏窄且河水较浅，故旧时多行吃水较浅的漕船及民用商船。而潮河河宽水深，独流入海，又无漕运闸限制，且发源地与入海口高程差仅为60米，具备水军船队和漕运船队由海入河、海河联运的自然条件，故唐代时北境接济军需的大规模漕运活动，自然选择潮河上行，使潮河漕运成为东线几十万戍边将士的生命线。

唐朝之后的中原王朝，丢下了潮河流域这块依山襟海的战略要地。五代之后，这一区域先是被辽统治，而后金打败了辽，元又打败了金，马背上的民族在这里厮杀角逐了300多年后，终于，中原失守，南国失守，江山归蒙元一统。

第四章　辽金时期的溯河漕运

唐代马城置县后，溯河流域属平州（治所在今秦皇岛卢龙）马城县管辖。自唐玄宗天宝十四载（755）安史之乱后，唐朝由盛转衰，出现藩镇割据。907年，朱温伐唐自立，建立后梁，平州之地为其统辖。之后，节度使刘守光占据这一地区，自立为王，于911年，自号“大燕皇帝”。913年，晋王李存勖攻占平州，并于923年建立后唐。同年（923），辽太祖耶律阿保机率契丹军乘乱南下，攻克平州。并在这一年分平州地设置滦州永安军（仍属平州节度使管辖），治所在古黄洛城（今滦州城关），辖义丰（今滦州市辖区）、马城（马城县）、石城（今开平区）三县。这也是滦州得名的开始。此后，溯河流域归契丹国管辖，至936年后唐灭亡，今唐山全境尽归契丹国管辖。自此辽朝统治今唐山地区长达200年之久。

由上可知，从923年辽太祖耶律阿保机攻克平州设置滦州永安军，到936年今唐山全境尽归契丹辖，溯河流域归契丹国管辖的时间，比唐山全境尽归契丹所辖早 13 年。所以，溯河流域可称辽太祖耶律阿保机的发家之地。

笔者在溯河上游走访时，在一户农家盆景园发现的百余具辽金时期的石函（石棺），可以佐证上述观点。

据这个园子的主人介绍，这些石函都是早年间当地农民挖沙取土所得，因为石函去掉函盖后，做牲口槽大小合适、坚固耐用，凿成孔后，更方便拴牲口或刷洗排污，所以很多石函都被当作牲口槽散落在各村；还有的石函被当作磨刀石用，农民的锄头、镰刀、铡刀都用石函来磨，年长日久石函上都磨出了凹槽。现代农业的发展，让这些石函失去它在农户家的存在价值，农户开始遗弃，这位主人就收过来栽种盆景，如此，他收藏了一百多具石函。（见图 4-1 ～图 4-13）

图 4-1 溯河上游出土的辽代剔底浮雕纹带盖石函

图 4-2 潮河上游遗存的被农民去掉盖、钻成孔做牲口槽用的辽代剔底浮雕纹石函（一）

图 4-3 潮河上游遗存的被农民去掉盖、钻成孔做牲口槽用的辽代剔底浮雕纹石函（二）

图 4-4 潮河上游遗存的被农民当作磨刀石的辽代剔底浮雕纹石函（一）

图 4-5 潮河上游遗存的被农民当作磨刀石的辽代剔底浮雕纹石函（二）

图 4-6 潮河上游遗存的辽代石函上剔刻的青龙、白虎、朱雀、玄武纹饰（一）

图 4-7 潮河上游遗存的辽代石函上剔刻的青龙、白虎、朱雀、玄武纹饰（二）

图 4-8 溯河上游遗存的辽代石函上剔刻的人物题材纹饰（一）

图 4-9 溯河上游遗存的辽代石函上剔刻的人物题材纹饰（二）

图 4-10 潮河上游遗存的辽代石函上剔刻的莲瓣佛教纹饰(一)

图 4-11 潮河上游遗存的辽代石函上剔刻的莲瓣佛教纹饰(二)

图 4-12 潮河上遗存的辽代剔底浮雕纹石函（俯视图一）

图 4-13 潮河上游遗存的辽代剔底浮雕纹石函（俯视图二）

这批石函，与现存于滦南县文物管理所的溯河岸边王官寨村出土的辽金石函外形、尺寸均相近（见图 4-14）。据考证，这批石函中，绝大多数为辽代墓葬石棺，其余为金代石棺。

有关学者在对这批辽代石函考证后认为，这些石函中，有的与唐山市开平区双桥镇孙家庄出土的带有辽代纪年文字（大安九年）的石函相近，且有的也在石棺的四壁上刻有剔底浅浮雕青龙、白虎、朱雀、玄武纹饰。溯河上游大量辽代石棺的出现，证实了这一区域契丹族与汉族人民混居生活的历史存在，反映出其丧葬方式为先火葬、后土葬。这不是汉人的丧葬习俗，而应是南迁的契丹平民融合了汉人丧葬文化的结果。

图 4-14 滦南县文物管理所现存石函图片

也有学者认为，这批石棺中，大量的浅红色粗砂岩石材应来自中原地区，且应是通过水路经溯河漕运而来。石棺外壁上雕刻的人物和鸟兽图形，蕴含着中原文化的元素。

这批散落在溯河流域的石函，证明了辽朝廷对溯河的依赖和对溯河漕运的重视。此外，溯河流域遗存的铁制镇河兽、青铜篙钻等辽代器物，亦可佐证辽朝廷对溯河及溯河流域的依赖和重视。（见图 4-15、图 4-16）

图 4-15 溯河上游故道农民挖沙取土时发现的辽代铁制镇河兽

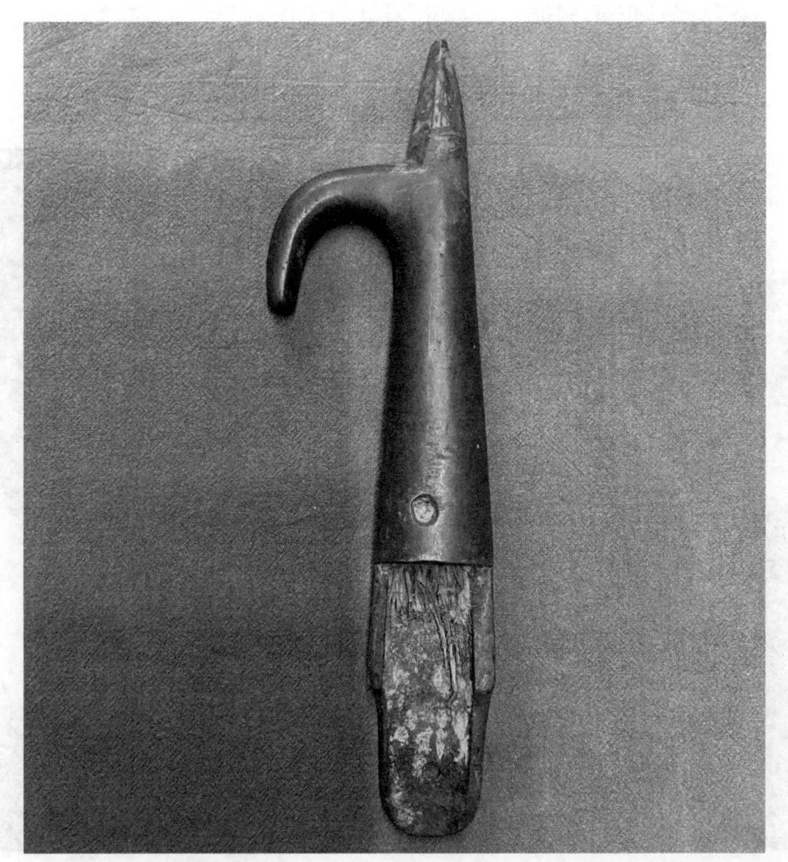

图 4-16 溯河故道上游农民挖沙取土时发现的辽代官船挽篙上的青铜篙钻

耶律阿保机之所以首先攻占平州，概因这里一是经济富庶，二是战略地位重要，三是漕运网络发达，负山襟海。其直通渤海的溯河，更能为契丹大军南征提供重要的水运保障。

上文中，我们讲述了溯河在唐家泡以北的径流情况。在近代史料上，一般把由唐家泡（霍泡）经梁营往北的部分称为溯河上游；把经唐家泡（霍泡）至王家土、余家岭、孙家坨再至喑牛淀的这一段，称为溯河中游；把喑牛淀向下至蚕沙口入海

的这一段称为溯河下游。（见图 4-17）

图 4-17 溯河中游佘家岭段（笔者摄于 2022 年 8 月）

在中游这段，溯河故道的径流，大致如下：

溯河在唐家泡及其右岸姜泡一带折而向东南，进入宋道口镇西部，至王家土附近，有支流陷河（今滦南北河）汇入，溯河在此转了一个大弯流向西南方向，经倴城镇的东八户、西张士坎流至佘家岭又而南，至方各庄镇的曲荒店再向南，至司各庄镇东部的孙家坨转而向西，至北刘庄（有支流牤牛河汇入）、东夏庄又折而向南，经柏各庄镇的王沟府再向南至喑牛淀。

辽国沿袭唐朝北境的漕运体系。辽设置滦州永安军，足见其对溯河漕运的重视。史料载：古滦州城北二里有紫金山，“背横（山）面岩（山），襟滦带泝，州之胜也”（《读史方舆纪要》）。文中的“泝”，就是独流入海的溯河。辽代时，东汉曹操开凿的新河仍可通航，溯河乃是辽朝廷南下依赖的漕运通道。据丰南图书馆所撰《丰南古运粮河考》介绍：

在丰南大齐各庄镇大长春村一带，曾有过一条横亘东西的古运粮河，历史上大长春村西曾建有长春宫。在当地人传说中，该长春宫被称为“萧太后长春宫”，至今大长春村西仍有“花园井”遗存，认为是辽代长春宫所遗，故后人将这条古运粮河亦称“萧太后运粮河”……明成化十七年，管粮郎中郑廉奏言：丰润还乡河可通漕，其往东可导陡河、抵沙河、通陷河而及青滦。文献中的陷河，便是今滦南县的北河，亦为古运粮河，这足以证明滦南县境内运粮河与丰南境内的古运粮河属于同一水系。

文中的“陷河”，据考证是在滦南县城北部汇入溯河南下入海的。另据《辽史·耶律隆运传》载：

三月癸亥朔，（太后）幸长春宫，赏花钓鱼，以牡丹遍赐近臣，欢宴累日。

又十三年(994)三月戊午，幸南京。壬申，入长春宫观牡丹。

此外，《滦南文物古迹寻踪》载：

今滦南县肖家河村，旧称萧家后，（辽）萧太后曾于肖家河村西建行宫驻跸，村西曾有萧太后梳妆台遗址。

溯河流域的肖家河村一带出土的辽代契丹风格瓷器，或能证实萧太后行宫的存在（见图 4-18 ～图 4-22）。

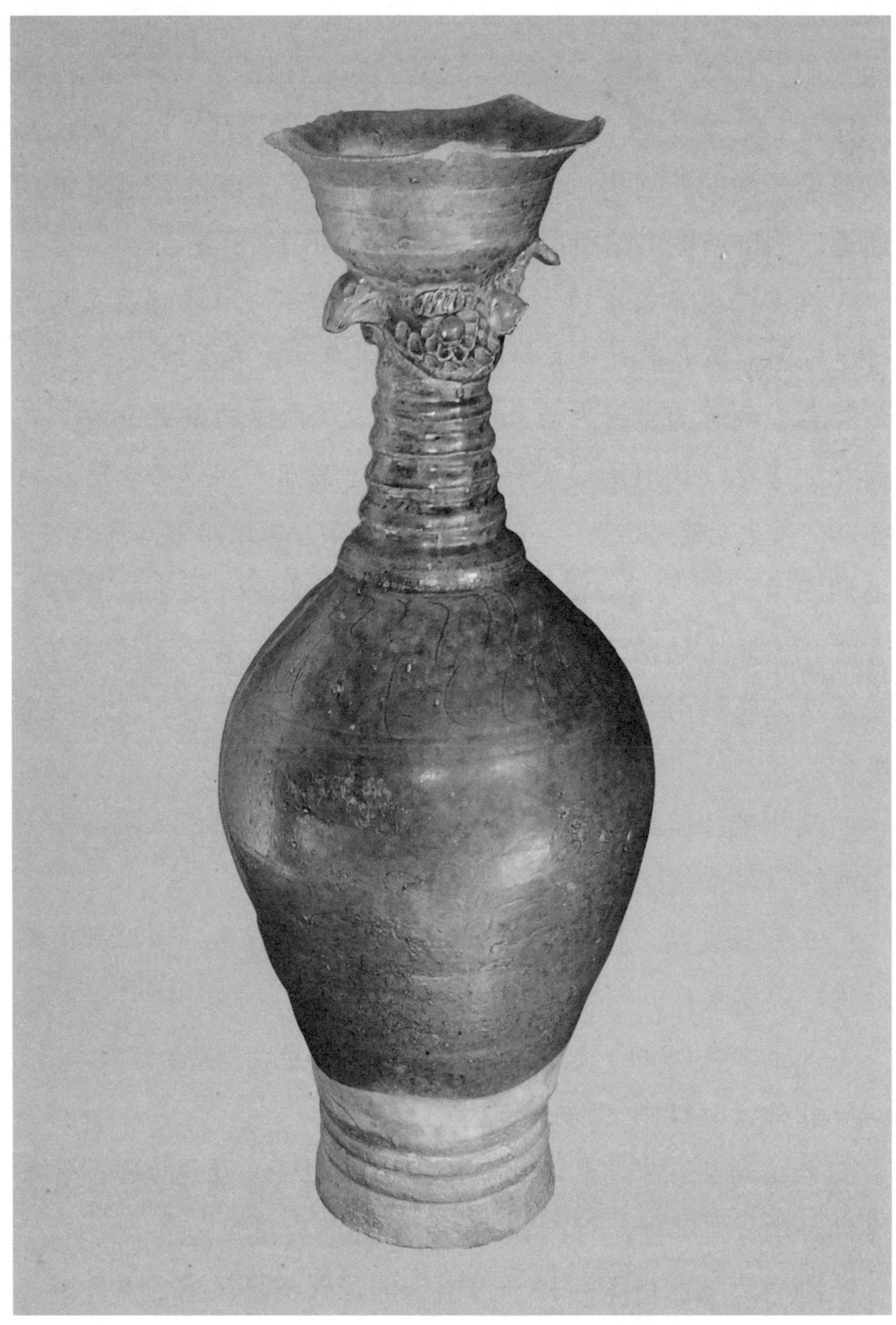

图 4-18 肖家河一带出土的辽绿釉凤冠瓶

图 4-19 肖家河一带出土的辽三彩大罐

图 4-20 肖家河一带出土的辽绿釉印花方杯

图 4-21 肖家河一带出土的辽三彩双耳罐

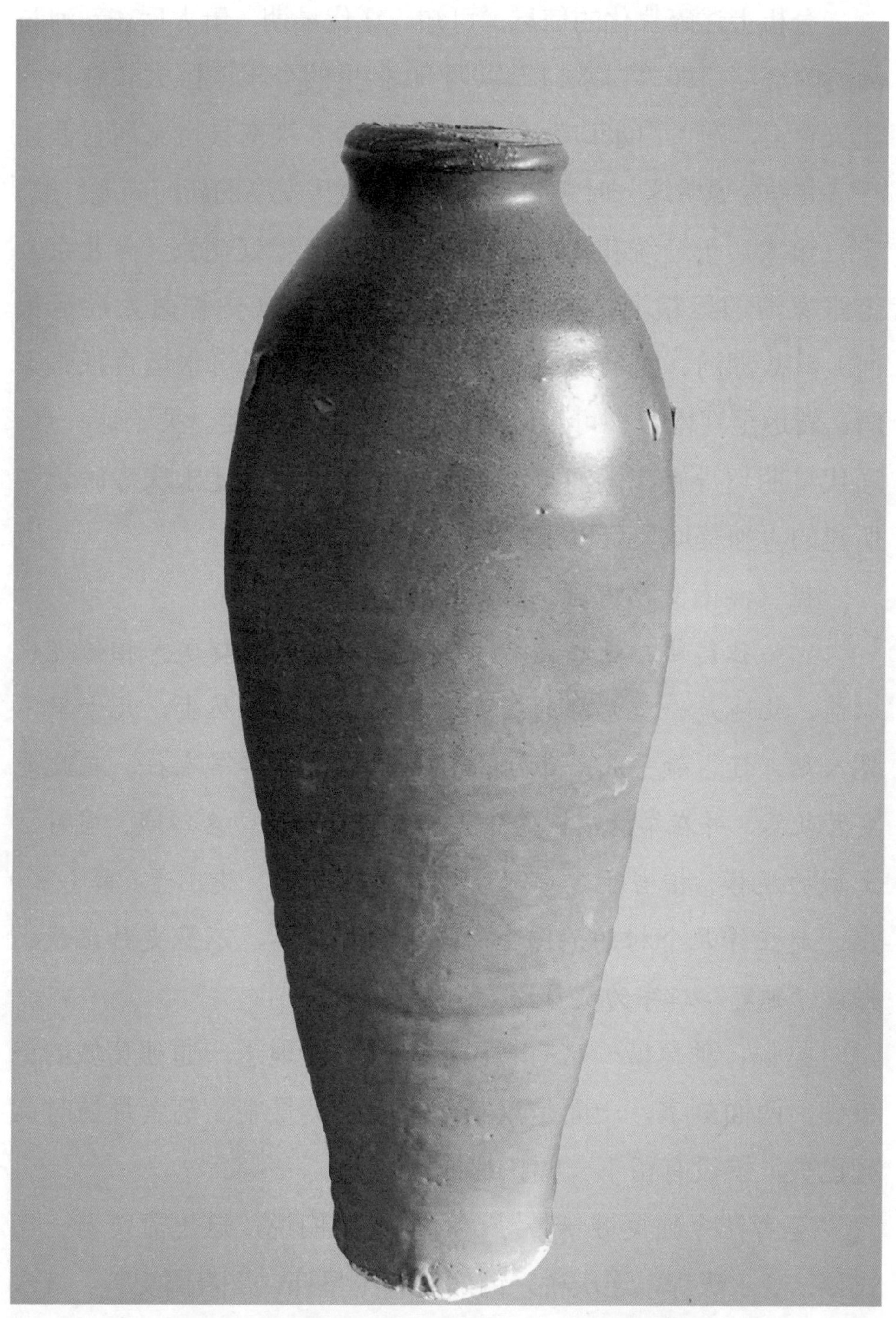

图 4-22 肖家河一带出土的辽代鸡腿瓶

分析上述碎片化的信息，可知，辽代早期，萧太后在新河与溯河的交汇口即“白水口”以西50多里的今丰南区大长春村西建长春宫，在“白水口”东南30多里的今滦南县肖家河村西建行宫驻跸，说明这一时期西起盐关口东至乐安亭的新河尚能行航。

萧太后于辽统和年间（983—1011）开挖辽南京（今北京）至张家湾的运粮河，并使其与蓟运河连接（史称萧太后运粮河），故溯河、滦河流域及辽东等地粮草物资可水运直抵张家湾，转运至辽南京。可见溯河漕运在辽时的重要。关于这一点，辽代早期契丹族在溯河下游“南距海八里”（辽永庆寺碑记）所建的“独莫城”可以证实。

据《滦南文物古迹寻踪》介绍：

……独莫城，虽以城名，然今却不见城的踪迹。相传辽代以前，此地是一望无际的滨海滩涂，杂草树木丛生，几十里不见人烟。辽占领平州一带后，辽有独莫将军率军南征，在此地安营扎寨，并在军营周围修筑土埝，留有四门，名曰城。当时，土城的规模，相当于今前独莫城、后独莫城、吴庄子、薛（家）庄、赵庄等几个村的范围……关于独莫将军，不见史料记载，据说“独莫”二字为契丹语。

据说，独莫城一带有村民挖土时，发现了一通独莫城的记事碑，两面刻字，一面是汉字，一面是契丹字。笔者拜访时此碑已失，惜没有留下一幅拓片或照片。

笔者在今独莫城一带寻访时，村民们说，这里流传着一句民谣：“永庆寺，连庆桥，铜碑铁脊玉皇庙。”查阅史料，《永平府志》确有记载：

永庆寺，城西南百里薛家庄。辽咸雍十年甲寅七月建，有辽碑，乡贡进士王庆延撰，乡贡进士李文治书。

由此可知，独莫城应于比咸雍十年（1074）还要早的辽代早期所建。据《契丹国志》载，辽代早期“沿边创筑城堡，搬运粮草，差拨兵甲，屯守征讨”。

辽代早期，契丹族便在溯河下游“南距海八里”筑城屯兵，意在依托溯河“搬运粮草”“屯守征讨”。亦可见溯河漕运是辽军南征的重要通道。

萧太后率辽军南犯宋地，平州是必经之地，马城是后方粮草基地，而溯河则是最佳的军械粮草出海通道。1962 年，溯河下游独莫城附近村民在河滩挖草炭时挖出的烙有“大遼”字样 3 米多长的辽代船板，亦可证实辽代溯河漕运的存在。

此外，在溯河中游流域寻访中，在独莫城北部的井二里村，笔者发现了一件白釉大钵，直径 35 厘米，虽有残，并有几个锔钉，但却是“大开门”的辽代礼器。器型规整、饱满，做工精良，内外施满釉，修足考究，应是辽宋时期磁州窑系一件大窑口的定烧瓷器（见图 4-23）。大钵内底处，用酱釉书写三个字“永兴馆”（见图 4-24）。

这件中原地区出产的白釉大钵，既可佐证辽代早期溯河漕运的存在，又可说明，这一区域可能建有辽代“永兴宫”的驿馆——永兴馆。

史料载，“永兴宫，辽置，在（遵化）州西南五十里，今为村，犹名宫里”（见图 4-25）。《辽史》中记载，永兴宫（国阿辇斡鲁朵），辽太宗耶律德光所置。耶律德光（902—947）

图 4-23 独莫城北部出土的辽代白釉大钵（直径 35 厘米）

图 4-24 独莫城北部出土的辽代白釉大钵（正面图）

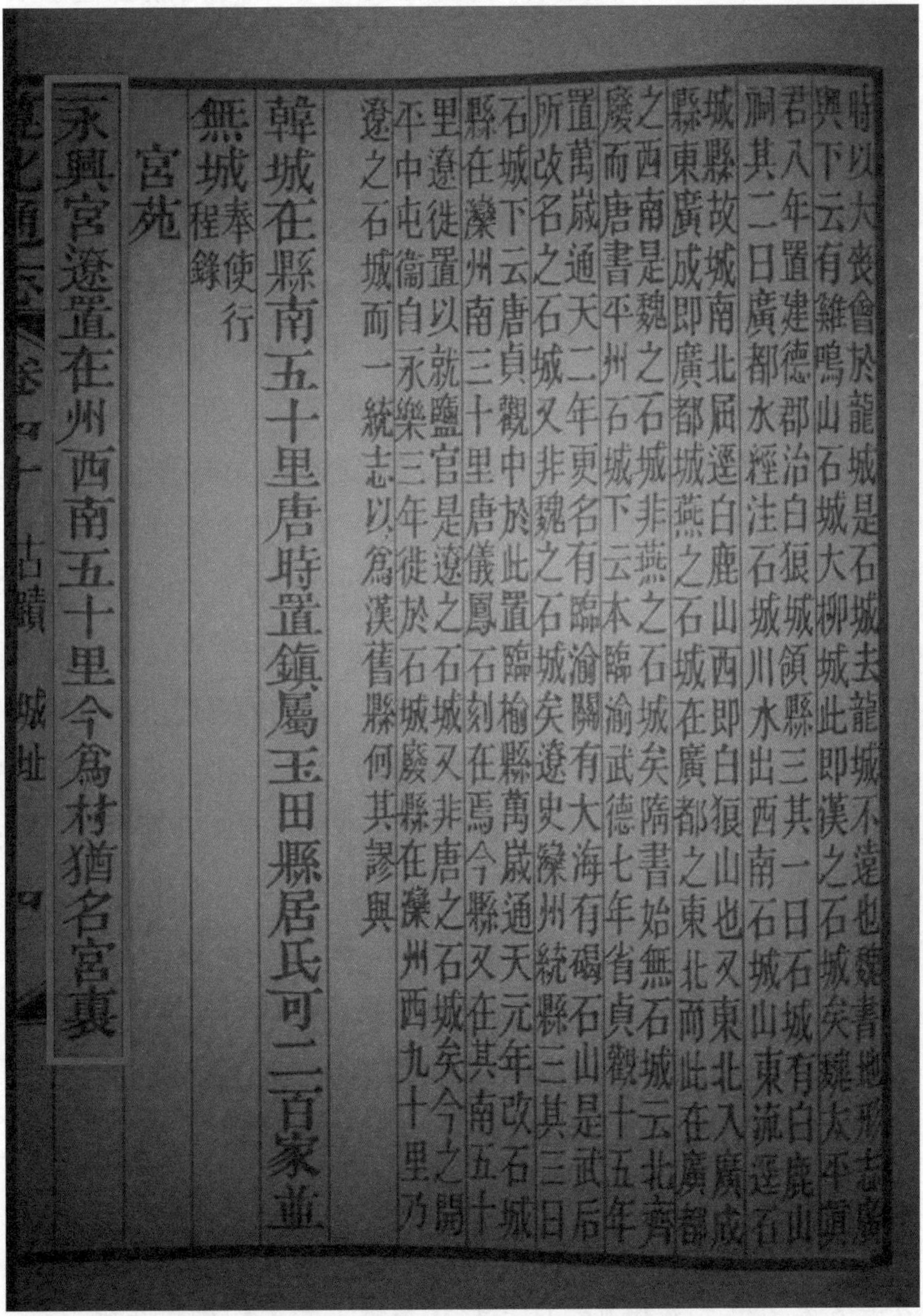

時以大喪會於龍城是石城去龍城不遠也魏書地形志廣興下云有雞鳴山石城大柳城此即漢之石城矣魏太平眞君八年置建德郡治白狼城領縣三其一日石城有白鹿山祠其二日廣都水經注石城川水出西南石城山東流逕石城縣故城南北屈逕白鹿山西即白狼山也又東北入廣成縣東廣成即廣都城燕之石城在廣都之東北而此在廣都之西南是魏之石城非燕之石城矣隋書始無石城云北齊廢而唐書平州石城下云本臨渝武德七年省貞觀十五年置萬歲通天二年更名有臨渝關有大海有碣石山是武后所改名之石城又非魏之石城矣遼史灤州統縣三其三曰石城下云唐貞觀中於此置臨榆縣萬歲通天元年改石城縣在灤州南三十里唐儀鳳石刻在焉今縣又在其南五十里遼徙置以就鹽官是遼之石城又非唐之石城矣今之開平中屯衞自永樂三年徙於石城廢縣在灤州西九十里乃遼之石城而一統志以爲漢舊縣何其謬與

韓城在縣南五十里唐時置鎮屬玉田縣居民可二百家並無城 奉使行程錄

宮苑

永興宮遼置在州西南五十里今爲村猶名宮裏

图 4-25 《遵化通志》记载的辽代永兴宫

为辽国第二位皇帝，是耶律阿保机的次子，20 岁时就担任了天下兵马大元帅之职。936 年（天显十一年），后唐河东节度使石敬瑭以割让燕云十六州（包括遵化）为条件，乞求耶律德光出兵助其反叛后唐。获得燕云十六州后，耶律德光采取“因俗而治”的统治方式，实行南北两面官制度，分治汉人和契丹人。又改幽州为南京，云州为西京，将燕云十六州建设成为进一步南下的基地。另有史料介绍，在辽代“自阿保机而下，每主嗣位即立宫置使，领臣僚”。辽代先后有弘义宫（辽太祖所置）、长宁宫（辽太祖皇后所置）、永兴宫（辽太宗耶律德光所置）、积庆宫（辽世宗耶律阮所置）、延昌宫（辽穆宗耶律璟所置）等 12 宫之多。按辽代行宫斡鲁朵管理制度，行宫宫官在本宫隶州县的民政、粮食、物资方面具有统辖权，并负责辽帝四时捺钵所需物资供应及辽帝及其家眷的宿卫。有的行宫还下设驿馆。

时井二里一带为高坨地，西临溯河，南有独莫城驻军，北距“（遵化）州西南五十里”的永兴宫不足百里，且独莫城“南有大田泊，产苇蒿，匿狼兔”（《滦州志》），非常适合契丹族逐水草、善渔猎的生活习俗。所以，在这一区域，设置永兴宫的驿馆“永兴馆”，从时空逻辑上是可能的。

这件辽代大钵是一件十分有价值的历史遗存，其“永兴馆”纹饰表明，辽代早期永兴宫驿馆可能设置在此地。

另据考古史料记载：

1974 年，井二里村西北发现辽代墓葬群，墓葬面积 3.75 万平方米。出土文物有：辽三彩双耳罐 1 只，钧瓷双耳罐 1 只，黑釉双耳罐 3 件，黑釉梅瓶 1 件，白釉四系罐 1 件，赫条纹

碗 1 件，钧瓷碗 1 件，双鱼铜镜 1 枚，铜灯 1 件。（见图 4-26）

图 4-26 滦南县现存于文物管理所的辽三彩罐

此外，井二里出土的双鱼铜镜镜边雕刻“西京官制”字样，官制铜镜的出土，更指向这里设置永兴宫驿馆是有可能的。

笔者在该区域走访时，也陆续在农民家中收到了一些珍贵辽代瓷器：两件辽三彩罐，两件辽三彩模印纹饰香炉，两件辽绿釉皮囊壶，两件辽三彩水盂。（见图 4-27 ～图 4-30）

这些瓷器、铜器等，绝非普通百姓的使用器，在当时也是上流社会、贵族阶层所能拥有的物品。且绝大多数都契合了契丹王族的审美习惯。这也从另一个侧面反映了此地建有永兴宫驿馆的可能性。而永兴宫驿馆的设立，更体现溯河漕运在辽时的重要。

图 4-27 井二里一带出土的辽三彩罐

图 4-28 井二里一带出土的辽三彩水盂（一对）

图 4-29 井二里一带出土的辽三彩模印纹饰香炉

图 4-30 井二里一带出土的辽绿釉皮囊壶

1005年“澶渊之盟”后，辽宋两国大致保持了百年和平，双方在边境上设置榷场互通贸易。在这一百多年的相对和平环境中，溯河流域得到了进一步发展，溯河漕运也为两国之间的商贸流通、民间交往和民族之间的融合发挥了桥梁作用，为中原与北部边区经济文化的交流创造了有利条件。

1991年，溯河口外出水的宋辽时期三彩罐（见图4-31）、宋辽时期磁州窑罐及大碗（见图4-32、图4-33）证实辽代溯河漕运、商运的存在，而与之相对应，20世纪80年代溯河上游出土的大量宋辽时期瓷器，如宋辽时中原产磁州窑碗、定窑碗、磁州窑手炉等，都是很好的佐证。（见图4-34～图4-41）

图4-31 溯河口外海域出水的辽三彩罐

图 4-32 潮河口外海域出水的宋辽时期磁州窑大罐

图 4-33 潮河口外海域出水的宋辽时期磁州窑大碗

图 4-34 潮河上游出土的宋辽时期磁州窑碗

图 4-35 潮河上游出土的宋辽时期磁州窑手炉

图 4-36 潮河上游出土的宋辽时期定窑碗

图 4-37 潮河上游出土的宋辽时期薄壁白釉大碗

图 4-38 潮河上游出土的宋辽时期白釉深腹碗

图 4-39 潮河上游出土的宋辽时期白釉浅碗

图 4-40 潮河上游出土的宋辽时期辽白釉划花碗

图 4-41 溯河上游出土的宋辽时期白釉钵

1986 年，滦南县胡各庄镇溯河东岸的史各庄发现一处窖藏货币。其中北宋钱币占 91%，内有皇宋通宝、熙宁元宝、元丰通宝、元祐通宝等等。北宋时，溯河流域为辽国治，应以辽币流行市面，而窖藏古钱币中宋币占比如此之大，亦可佐证溯河漕运在宋辽时期为南北贸易提供了重要支撑。

辽代后期，官吏奢侈腐化，此时，活跃在东北地区的女真族首领完颜阿骨打起兵抗辽，1115 年称帝，国号金，很快占领辽的大片领地。金用兵攻宋，溯河是重要的粮草通道。溯河上游滦南县胡家坡村北的金代镇国上将军韩常之墓（韩家坟，今已湮），可以佐证金代对溯河漕运的重视。金天会二年（1124）金兵攻破平州，溯河流域始归金治。金朝在地方上改设路、府、州、县，溯河流域属中都路平州马城县管辖。金恐宋复取平州，派重兵驻守马城，联控溯河、滦河漕运。

1125 年，金天会三年（北宋宣和七年、辽保大五年）：

二月辽天祚帝（耶律延禧）自出走，终为金兵俘获，辽亡。（《中国历史大事编年》三卷）

（九月）宋兵三千自海道来，破（金兵）九寨，杀马城县戍将节度使度卢斡（又译国尔嘎），取其银牌兵杖及马而去。（《资治通鉴续集》，中国文史出版社）

1126 年，金天会四年，金兵又以武力收复平州，仍以平州为南京，派将扼守马城。（《滦南文物古迹寻踪》）

1127 年，金天会五年，金兵南下攻取北宋首都东京，掠走徽、钦二帝，史称“靖康之变”。之后宋室南迁，南宋与金对峙。

宋金在马城的殊死争夺，足见马城战略地位之重要，而马城的地位重要，主要是因为马城自唐代以来即为水陆交通枢纽，扼溯河、滦河漕运之咽喉。

溯河上游东岸大贾庄村民在自家农田翻地时发现的一件四系瓶（见图 4-42），据考证为宋兵抗金时的行军壶——“韩瓶”。

该四系瓶为宋代瓷器，外形瘦长，直腹、小口、双唇、平底，底部比肩部窄，外施一层橄榄绿薄釉，高 23 厘米，瓶口径约 6 厘米，最凸处直径 10 厘米，与“筱王古窑址”博物馆珍藏的宋抗金“韩瓶”标准器相吻合（见图 4-43）。据宜兴西渚筱王古窑址博物馆资料介绍：韩瓶是宋代抗金名将韩世忠由北宋时期部队行军配备的“天威军官瓶”改制的。北宋末，宋兵南下，

图 4-42 抗金宋兵在溯河上游所遗行军壶——韩瓶

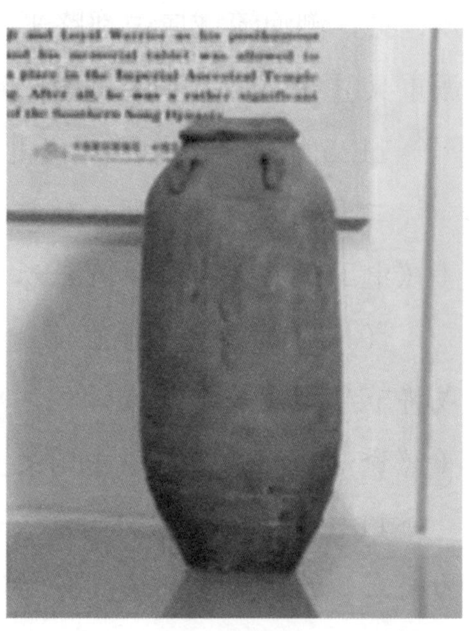

图 4-43 宜兴西渚筱王窑遗址所藏韩瓶

将以前在部队中常用的“天威军官瓶”带到了南方。但由于战事频繁，经常奔波，天威军官瓶极易破损。韩世忠带领的部队多是水军作战，由于船只颠簸，天威军官瓶更容易破碎。于是韩世忠下令当地窑厂将天威军官瓶改造成外形瘦长、溜肩直腹、底部收窄的器型，存放于固定好的木架圆洞中，以防摔碎。韩世忠还让窑工在瓶肩上方做四个耳，以便水军登陆时用绳子穿系携带，因此又叫四系瓶。这种四系瓶，既可盛水，又可盛酒和其他饮品，成为当时部队配备的多用途行军壶。因为是韩世忠首创，人们就把这种行军装备叫作“韩瓶”。后来又根据需要制成双系和无系等品种，双系的一般较大，高度约 30 厘米，最凸处直径约 15 厘米。

韩瓶在溯河上游的大贾庄出现，因大贾庄与古马城遗址毗邻，故可以佐证，金天会三年九月，“宋兵三千自海道来”，宋军战船是由渤海湾北路入溯河北上、在溯河上游东岸大贾庄一带登陆的。查阅史料，宋兵在马城一带攻金，仅有天会三年（1125）九月这一次。这件出自大贾庄的韩瓶，应是一件十分珍贵的宋军遗物。

此外，我们在大贾庄、小贾庄一带走访时，又发现了散落于农民家中的两件双系韩瓶、一件无系韩瓶，高度均在 30 厘米左右，器型合于韩瓶形制，应是宋军所遗（见图 4-44）。

图 4-44 大贾庄一带发现的宋军遗物韩瓶

据农民介绍，前些年，他们这一带田地里翻地时陆续发现了六七十件这样的瓷瓶，但多数已破损。这说明，当年宋军登陆与金兵的战斗应是在这一带发生的。值得注意的是，小贾庄汉代至两晋时期古战场遗址也位于这一带。由此可见在宋金时期溯河漕运之重要。另据《滦南文物古迹寻踪》载：

“绍兴和议”后，南宋每年向金纳白银25万两、绢帛25万匹，均由大运河转从山东莱州泛海入滦，运抵五京之一的北京大定府（今内蒙古宁城）。随着宋金对峙日趋激烈，南粮不得北调，金遂从后方塞外由滦河运粮入关，以充军需。

金代“因粮塞外”，“泛舟滦河”运粮入关后，亦应由马城转溯河漕运、河海联运以充南线之军需。

此外，中国地理学会历史地理专家委员会委员吴宏岐教授曾在考察金代上京、燕京、东京诸路的漕运问题后认为，金渠漕沿袭辽代，金代对北方地区漕运的开发是薄弱的。金代也是通过水路漕运粮食至金中都（今北京），沿袭辽代时通往辽南京（今北京）的漕运路线。时平州及以东地区粮秣物资运抵中都，溯河仍是渤海湾北路航线上由海入河的重要漕运通道。在这样的背景下，溯河漕运自然成为宋金对峙时的重要海河联运通道。

溯河下游一带沿海，煮盐历史久远，至金代，盐业已成为其支柱产业。《金史·食货志》载，金大定十三年（1173）二月，平州副使于马城置局贮钱解盐，“行河东南北路，陕东路及南京、河南府，陕、郑、唐、邓、嵩、汝诸州”，并“解调盐行各路盐课款”（《金史·地理志》）。这说明金大定十三年后，马城县已成为海盐调拨转运中心及盐课款存储结算中心，促进了溯河漕运的繁荣。在金朝统治溯河流域的100多年里，前80多年政治比较稳定，朝廷注重缓和民族矛盾，减轻赋税，使这一区域农业发展，商业繁荣，市场兴盛。据《永平府志》载录的金大定八年（1168）滦州马城县南七里桥碑记介绍：

平州辖七个县，滦州为支郡，属平州。滦州辖义丰、马城、石城三县，三县隶焉，马城其一也。厥户万余……又并海多鱼盐之利。徭赋调发，当境内七县三分之一。

马城一县之税赋占据平州七县的三分之一，足见马城县之富庶，而马城的经济支撑更仰赖“鱼盐之利”。盐业的发展和食盐的转输调运，带动了溯河漕运的繁荣，而溯河漕运的繁荣又促进了金代时中原地区与北部边区的贸易往来，使南北之间的商品流通更为顺畅、普遍、活跃。

1991 年，溯河下游的廒上村，渔民出海作业，在溯河口外西坑坨海域拖网拉到的宋金时期钧窑天青釉洗、四系瓶（见图 4-45、图 4-46）；蚕沙口村渔民在西坑坨海域拉到的宋金时期

图 4-45 廒上村渔民在溯河口外拖网拉到的宋金时期钧窑洗

图 4-46 廒上村渔民在溯河口外拖网拉到的宋金时期四系瓶

钧窑大碗（见图4-47）、宋金时期磁州窑黄釉碗等（见图4-48），均是金时潮河漕运及宋金贸易的较好物证。

图 4-47 蚕沙口村渔民在潮河口外打捞的宋金时期钧窑大碗

图 4-48 蚕沙口村渔民在潮河口外打捞的宋金时期磁州窑黄釉碗

此外，在潮河、青河流域走访期间，笔者发现，这一区域内，至今仍然在民间散落着大量的宋金时期北方地区几大瓷窑体系的产品，如钧窑、定窑、磁州窑等窑口的瓷器，且这与潮河、青河流域出土的金代墓葬中随葬瓷器的状况相一致（见图4-49～图4-53）。这不仅说明在宋金对峙期间，中原地区所产瓷器，在包括潮河流域在内的北部边关地区的流通量非常之大，也印证了潮河漕运在金时南北贸易和文化交往中的突出贡献。

图 4-49 潮河流域出土的宋金时期黑釉鱼篓尊

图 4-50 潮河流域出土的宋金时期白釉碗

图 4-51 潮河流域出土的宋金时期茶盏

图 4-52 潮河流域出土的宋金时期酒盏

图 4-53 潮河流域出土的宋金时期定窑大碗

金朝的后20年，女真族统治者与北方各族之间的矛盾日益突出，北方鞑靼诸部反叛，战乱频仍，新河渐废，北部漕运网络体系破坏，潮河漕运进入低潮。

综上，潮河，北起燕山南麓，南下独流入海，虽全长不足百公里，却是秦汉以来中原王朝“北戍长城”的军需物资通道，也是北部少数民族南犯中原的水路运输通道。

自923年耶律阿保机攻克平州，至1234年元武力灭金，前后300多年时间里，潮河流域成为马背上的民族厮杀角逐的战场。这期间，辽将疆域向南推至今天津海河、河北霸州一带，金把疆域再向南推至淮河流域。辽金时期，潮河既是契丹族、女真族南犯中原的军械粮草出海通道，又是其从中原地区漕运物资北输的重要通道。这一时期，潮河漕运的主要作用仍是接济军需，潮河漕运的运输方式仍为海河联运。

而在宋辽、宋金对峙的相对和平时期，潮河漕运则主要发挥了南北之间贸易往来和文化交流的桥梁作用，促进了北地农业经济和手工业的发展。

此外，以丝绸之路的概念分析，宋辽、宋金对峙时期，宋辽之间、宋金之间通过海路进行的贸易往来和文化交流客观上开辟了海上丝绸之路的南北航线，而这一时期的潮河漕运，促进了海上丝绸之路南北航线的繁荣，更支撑了以辽、金为节点的草原丝绸之路的繁荣。

第五章　元代的潮河漕运

摘要：

元兵南下伐金，依托了潮河得天独厚的自然地理优势。

蒙元初期，那颜倴盏疏决间芬沟，使潮河上游与滦河相连，为潮河漕运增添了新的内涵。

元代早期，从忽必烈建元中统（1260）到至元二十二年（1285）忽必烈发布"居民迁入大都（今北京）诏书"，元朝的政治中心在地处燕山以北的元上都（今内蒙古多伦县），这一时期，潮河连通滦河的漕运，支撑了元朝廷对田赋的运输需求。

南宋灭亡后，"东南方归版图"，元朝廷正式迁入元大都。元朝实行的"两都巡幸"，实际上是两都制。元大都、元上都人口骤增，迫使朝廷必须重新审视漕运路线。至元年间海运大开，为潮河漕运带来新的生机。

元代海漕的兴起，使漕运由民运转变为军运。海漕年运量的增加，迫使官府造船载货量增大，这使吃水量大的海船，由海入河海河联运成为不可能。因此，海河转运成为必然选择。这又使潮河口成为元代海河转运的重要枢纽。

蚕沙河口始为海河转运枢纽，比直沽口成为真正意义上的海河转运枢纽，早 30 多年。但因自元朝至明清，今北京作为都城一直延续，故史志及后世学者过多关注了直沽口至今北京方向的漕运活动，忽略或疏忽了潮河连通滦河至元上都的漕运活动及其贡献，应该引起史学界的重视。

一、蒙元初期的溯河漕运

溯河流域始归大蒙古国所辖为1216年，比元世祖忽必烈诏定今北京为元大都（1272）早半个多世纪。这一时期，蒙元的政治中心尚在漠北，溯河连通滦河的漕运，为蒙古大军南下伐金攻宋，发挥了重要作用。

溯河上游，旧不通滦河。辽金时，因东汉末年曹操开凿之新河尚能行航，故马城仍为南下漕运军需粮草的枢纽。但到了蒙元初期，以1215年蒙古大军攻破燕京为界，前后各二十多年里，北方地区战乱不止，其间横截溯河、青河、滦河诸河的新河，因失于治理、河道淤浅而废，原有的漕运体系遭到破坏。加之蒙古军视农田为牧场，肆意践踏，铁蹄所到之处，生灵涂炭，“里社为空”，生产力遭到严重破坏，区域经济凋敝。

故蒙元初期，蒙古大汗将位于滦州城南60里的今倴城之地，作为屯粮积草之重地。因为，此地更适宜蒙古大军南下伐金时，军械粮草沿溯河河海联运。

时倴城之地，地势较高。据1973年出土的乾隆年间《倴城共遵明禁碑》碑文载：

此处居民，先世皆聚族古城内，北有通津河，南有海城坞，设兵防守，盖一时重镇也。

碑文中的“通津河”，今滦南北河，位于倴城古城北侧，亦称陷河，其向东于倴城东北部汇入溯河。“陷河，州（滦州）南五十里。源出州西南五十里于家泊，汇大小群川，至蚕沙口入海”（《读史方舆纪要》），也可证实陷河是借潮河入海的；碑文所载“南有海城坞”，说明当时倴城之地，海河联运发达，且城南部潮河沿岸设有停泊或修造船只的场所。这样一块战略要地，自然会被谋划南下攻金的蒙古大汗所重视。（见图 5-1、图 5-2）

图 5-1　倴城元代古城遗址

图 5-2　倴城元代古城遗址北侧通津河（今滦南北河）

蒙元初期，为将溯河上游与滦河相连，使蒙古国大后方的军械粮草沿滦河溯河运抵傣城之地，乃疏决滦州城南闾芬沟，使溯河上游经闾芬沟与滦河相通。此举在《滦州志·闾芬沟考》中确有记载：

元以傣城为栖粮之所，渠帅那颜傣盏领之。然滦河过偏凉汀即逶迤东南入海，不与傣城相通，遂疏决闾芬沟为运道，引滦水会青、泝两河，达傣城。

“闾芬沟在（滦州）城南太平庄”（光绪二十四年《滦州志》），位于马城北五里。疏决闾芬沟，使溯河上游与滦河贯通，这是一个新的创举，不仅为溯河漕运带来了新的活力，也使蒙古大后方的粮草军械物资沿滦河、溯河直抵傣城，为蒙古大军南下伐金，开辟了重要的军需粮草基地。

关于疏决闾芬沟的具体时间，史志上无详考。但分析相关史料，可以界定在1230年以前的蒙元初期。

据有关史料介绍：

1206年，铁木真被推举为成吉思汗，建立蒙古政权，随即大举攻金。

1211年，成吉思汗率15万骑兵南下，夺城拔寨斩杀金兵。

1215年初，蒙古大军攻破燕京（今北京），顺势拿下蓟州。

1216年8月，蒙古大将史天倪攻占平州。平州所辖马城县及溯河流域始归蒙古国管辖。

1223年，成吉思汗夺占河北大片地区。

1225年，蒙、金沿黄河形成隔河对峙的局面。

1227年（成吉思汗二十二年）4月，成吉思汗病卒。

1229 年（蒙古窝阔台汗元年）8 月，成吉思汗第三子窝阔台即大汗位，之后大举伐金。

大约就在自窝阔台即位至 1230 年窝阔台亲率大军南征前的这个时间段，窝阔台汗将今倴城之地，确定为蒙古大军南下伐金的屯粮积草之地，命“渠帅那颜倴盏领之”（《滦州志》）。因为据史料载，太宗窝阔台南征，那颜倴盏从师，且之后那颜倴盏无再回倴城之记载。对此，《元史・太宗本纪》载：

1230 年，“太宗二年庚寅秋七月，帝（窝阔台）自将南伐”。

《元史・列传卷六》载：

塔察儿，一名倴盏，……骁勇善战，……太宗（窝阔台）伐金，塔察儿从师，授行省兵马都元帅。

将典籍文献及古碑刻中的相关信息聚类分析，可以推断，那颜倴盏于 1230 年随太宗窝阔台南下伐金，其主要的军需粮草应是由倴城南部溯河沿岸的“海城坞”经溯河漕运、海河联运运抵军前的。

这之前，那颜倴盏在倴城之地拓陷河，筑土城，屯粮积草，令群艨艟巨舰齐聚“海城坞”，应是为蒙军伐金做准备，待命南下。今倴城元代古城遗址尚存。据考，今滦南县治所倴城的“倴”字，起源于那颜倴盏的“倴”。

《倴城共遵明禁碑》碑文中载：

考倴之义，别无所据，忆者有那颜倴盏者，元将也，岂此地之得名欤？

而金代时，滦河可泛舟行漕，据《滦州志》载：

缘金据河北，河以南皆宋地，河北漕粮不足供军食，乃因粮塞外，自板城、撒河一带，泛舟滦河，输归金京。

金时板城（承德）一带的粮秣物资，可沿滦河漕运南下，因此，蒙元初期，溯河上游与滦河的贯通，可使蒙古国大后方的军械粮草，“泛舟”滦河、溯河，屯积于侪城。再据南下战事之需，经溯河漕运，连海运，输至军前，支撑南伐。遗憾的是，史志上，有关这一阶段溯河漕运的记载，少而模糊。

1233 年 8 月，蒙古与南宋达成联兵抗金协议。

1234 年（蒙古窝阔台汗六年），蒙宋联军破开封城，金哀宗自缢，金亡。

蒙元初期，溯河漕运在蒙古大军南下灭金的过程中发挥了重要作用，为之后蒙军灭宋、统一全国奠定了基础。

太宗十二年（1240）庚子春，命张柔等八万户伐宋。

庚子秋，……宋人清野，我军大饥。是时，公（王汝明）具舟于汝（河南），乃泝以入淮，漕米千斛，三军之士有勇气而无菜色，公之力也。

《元史》中的这段记述，证实了海河联运粮草物资，对于蒙军灭宋的重要。

另据《元史·金履祥传》载，1273 年，元军南伐围困襄樊时，金履祥（1232—1303）曾上书南宋朝廷：

会襄樊之师日急，宋人坐视而不敢救，履祥因进牵制捣虚之策，请以重兵由海道直趋燕、蓟，则襄樊之师，将不攻而自解。且备叙海舶所经，凡州郡县邑，下至巨洋别坞，难易远近，历历可据以行，宋终莫能用。及后朱瑄、张清献海运之利，而所由海道，视履祥先所上书，咫尺无异者，然后人服其精确。

元军围困襄樊，下游临安（南宋都城）已岌岌可危，此时，金履祥上书由海路直捣燕、蓟以牵制元军的策略，虽终未被宋廷采用，但金履祥这一奏言中所列之海运路线，契合了笔者在辽金时期的溯河漕运考证中，列举1125年，金天会三年（北宋宣和七年、辽保大五年），“宋兵三千自海道来，破九寨，杀马城节度使卢斡”的历史记载，说明这条自江浙由海路入溯河的通道，是自辽金至元初重要的海河联运通道，亦即上文中南宋灭亡后“朱瑄、张清献海运之利，而所由海道”。因此可知，这条在南宋晚期已然形成文字记载的“海舶所经”“下至巨洋别坞，难易远近，历历可据以行”的海上通道，是辽金元时期中原地区及江浙地区沟通北域的重要通道，其在宋辽金元的民族纷争、金戈铁马中，一直存在。这也从另一个角度，解释了溯河上游出土的宋兵所遗韩瓶与江西宜兴西渚筱王窑遗址所藏韩瓶标准器物相吻合的历史原因。这些韩瓶为紫砂胎，这种胎质在北方地区是没有的，从而又可证明，1125年“宋兵三千自海道来”应是来自江浙一带的宋朝水军。

1991年，蚕沙口村渔民在溯河口外拖网拉到的宋代早期龙泉窑（窑址在今浙江）碗（见图5-3）、南宋早期龙泉窑碗（见图5-4），可以证实宋代江浙至溯河口海运航线的存在。

1276年，元军攻占南宋都城临安（今杭州）。

1279年，崖山海战宋军战败，陆秀夫背末帝赵昺跳海，南宋灭亡。

蒙元初期，溯河河宽水深，适宜漕船河海联运。那颜侔盏疏决闾芬沟，将溯河上游与滦河贯通后，一方面，使蒙古大后

图 5-3 潮河口外海域出水的宋代早期龙泉窑碗

图 5-4 潮河口外海域出水的南宋早期龙泉窑碗

方的军械粮草，沿滦河、潮河“泛舟”入傍城；另一方面，辽东一带的粮草物资，亦可沿陆路入马城，由马城转潮河漕运至傍城。这不仅成就了元代古城傍城的发展壮大（跻身“开稻傍榛”京东四大名镇之一），也通过潮河入海之河海联运，支撑了蒙古大军南下灭金攻宋。史料称：这种海陆联动、河海联运的漕运方式，“实天运之所启也”。

综上，从1230年元太宗（窝阔台）南征，到1279年南宋灭亡，这前后半个世纪的时间里，潮河漕运的主要方式为河海联运，且以傍城为转运枢纽；潮河漕运的主要作用为漕运军需，支援南伐战事。

二、元代早期的潮河漕运

1260年3月，忽必烈在与其弟阿不里哥争夺汗位中胜出，即位大蒙古国第五位大汗。同年5月，宣布建元“中统”（即后来元朝的第一个年号），定都开平府（今内蒙古多伦县）。

1263年，即中统四年，忽必烈诏改开平府为上都。

1264年（中统五年），忽必烈取意《易经》“至哉坤元”之意，诏定中统五年为至元元年，定国号为“元”。8月下诏改燕京（今北京）为中都，定为陪都。

1267年，忽必烈计划迁都燕京，开始兴建都城宫殿。

1272年，忽必烈诏改中都为大都，将上都作为陪都。

1273年，南宋湖北重镇樊城、襄阳先后被蒙古军攻占。汉水被蒙古军控制，下游临安危在旦夕，南宋败局已定。

1274年正月，忽必烈宣布迁入大都，并在正殿接受朝贺。

此时，忽必烈虽然迁入大都，但大都城的皇城设施并未完善，直到1285年，即至元二十二年，大都城内的太子府（隆福宫）、中书省、枢密院、御史台等官署，以及都城城墙、金水河、钟鼓楼、大护国仁王寺、大圣寿万安寺等重要建筑才陆续竣工。同年，元朝廷发布了居民迁入大都诏书。之后，元代实行“两都巡幸”，“国家每春日载阳，乘舆北迈，金风存爽，大驾南归”。皇帝携文武朝臣，每年三月倾朝赴上都理政，九、十月间开始返回大都，沿途“捺钵”。

这一时期，元朝的政治中心实际上仍在更靠北的上都。“是时，东南方归版图，毕献方物、器用、好贿，上送不绝。”忽必烈通过免除民赋、商税等办法，鼓励边民和商人移居上都，并大量融入汉文化元素，推进农耕文明与游牧文明融合，使上都地区人口逐渐增多，上都城宫殿、庙宇成群，宏大气派，成为当时东方文明的制高点。时外国使节亦常到上都访问。1275年（至元十二年），意大利威尼斯商人马可·波罗访问中国，忽必烈亦是在上都接见。

从1260年忽必烈建元中统到1285年元朝廷发布“居民迁入大都诏书”，前后25年中，元朝的政治中心在地处长城以北的上都，上都城赖以生存的田赋，大多依赖于南方。元朝廷急需从已经控制的长江中下游地区征集粮食和茶叶、陶瓷、丝绸等物资。时溯河连通滦河的海河联运，乃是元朝的重要漕运路线。这一时期，溯河连通滦河的海河联运除接济南部军需外，还承担了“方物”“器用”“好贿”的“上送”，以及南北之间的物资转输，时溯河漕运更加繁忙。

1991 年，蚕沙口渔民出海捕鱼时，在溯河口外西坑坨海域打捞的宋末元初磁州窑花卉纹高足杯，就是这一时期海河联运沉船的遗物（见图 5-5）。

图 5-5 蚕沙口渔民在溯河口外拉到的宋末元初磁州窑高足杯

随着南宋灭亡，元朝建立了辽阔的疆域，作为大一统的中央政权，虽然在政治上完成了统一，但随着长期战乱，北方地区的社会经济遭到破坏，与南方地区在经济发展上差距扩大，江南明显成为经济中心，而大都、上都却地处北部边区及漠北，这种经济中心与政治中心的严重偏离，迫使元朝廷必须重新审视漕运路线。

于是，溯河漕运迎来了新的历史阶段。

“秦汉时期，漕运为东西方向，黄河中下游的关中、山东一带为农业经济发达地区，漕粮通过黄河、渭河，由东向西运抵长安；唐代，朝廷逐渐把漕运重点放在南方，漕运路线也由秦汉时的东西向呈现出东南、西北方向的变动；宋代以后，南方经济崛起并日益成为王朝依赖的物资供应区域。故唐宋期间，漕运逐渐转变为东南、西北方向，并由东南而西北；元明清三朝，漕运则转变为南北方向，由南到北。”（《光明日报》2017.11.6）

元时政治中心由宋时中原的洛阳转移到更靠北的上都和大都，使经济中心和政治中心南北分立的格局长期延续，也使王朝的漕运路线彻底转为了南北走向。这一始自元朝的南北走向的皇家漕运路线，成就了溯河漕运历史的辉煌。

元代南粮北调，最初是利用河、海两道。至元十三年，“伯颜丞相奉旨取宋，既得江南……乃令张瑄、朱清等自崇明州募船载亡宋库藏图籍物货，经涉海道，载入京师。又命造鼓儿船，运浙西粮，涉海入淮，由黄河逆水至中滦旱站，船至淇门入御河，接运赴都”（《经世大典·海运》）。但是，这之后的几年中，海道运输被忽视，漕运以内河河道为主。尽管此间元朝廷将京杭大运河南北取直，使其相比隋唐时期缩短了900公里，但因内河漕运船速慢、运力低、耗费大，无法满足朝廷需求。

此间，元大都、元上都人口骤增，“百司庶府之繁，卫士编民之众，无不仰给于江南”（《元史》），漕运问题，已成为元朝廷迫切需要解决的生命线问题。

至元十九年（1282），元朝廷试行海运。“命上海造平底船 60 艘，载米 4 万 6 千石，仍命张瑄、朱清作试航。”当时，海运路线为：自刘家港（扬州府辖）入海，经通州海门往抵盐城县、东海县、胶州，经海上一个多月航行到达城头山，再沿刘公岛、莱州湾、歧口进入大沽口。

元朝廷虽然完成了这次海运试航，但由于风信失时，粮船第二年才到达大沽口。此后，海漕每年进行，航线逐渐优化，运量不断增加。至元二十一年（1284）为 29 万石，二十三年增至 53 万石，二十六年为 93 万石。至元二十八年（1291），元朝廷罢江淮漕运司并入海运万户府掌管海运。到至元二十九年（1292），成功开辟了海上新航线，使年载运量超过了 150 万石。时元朝海运万户府“掌每岁海运粮”，使海漕由民运变为军运（见图 5-6）。此后，海运大开，且终元一朝，海运不罢。

至元年间海运大开，为溯河漕运带来了新的生机和活力。

海漕年运量的增大，迫使单船载重量越来越大，据《古今图书集成·漕运部》说，海船由元初的“大者不过千石，小者二三百石”，发展到“大者八、九千石，小者二千余石”。又《海运记》载：“海船载千石，可当河船之三。”官府造船载货量的增加，使吃水量大的海船，由海直接入河道运输成为不可能。由此，海河转运成为必然选择。而载货量二三千石以上的大船进入河口，要求通海之河，口外必须有“沟槽”，而溯河口外具备由海通河的大沟槽。这一点，在前文中已有论述。

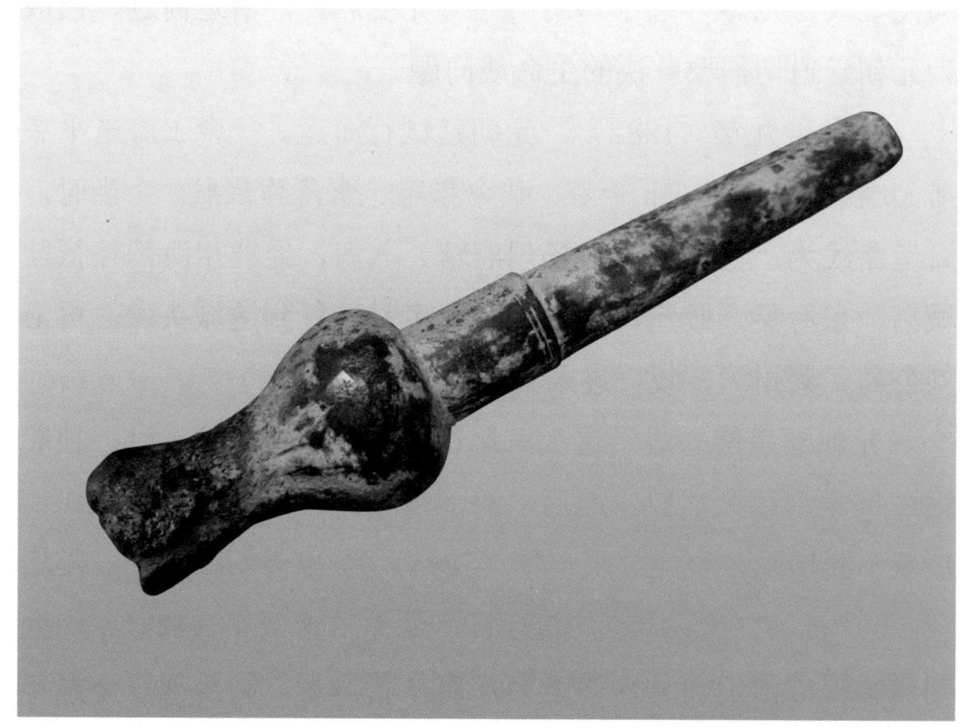

图 5-6 溯河口外海域出水的元代火铳（疑为海漕军运所备）

另据《滦县志》载：

沂河入海口处蚕沙口“海水荡潏，延漫百余里，州境群川，悉由此入海，南望天津，东望山海”。

可见溯河入海口之重要。

是时，溯河上连滦河，其入海口得天独厚的自然优势，使其在南来漕船的接运方面，占尽先机，并成为海河转运的重要枢纽。元代海漕，统一放洋、统一接运。南来漕船在蚕沙口接运卸货，经仓储，再转内河漕运，沿溯河、滦河上行至塞北。此间，江南已平定，溯河中游侪城的屯粮积草功能已淡化，但其城南“海城坞”的造船功能却开始增强。

时傍城隶属滦州，元世祖忽必烈在试行海运的当年，即至元十九年（1282）五月，敕令“造船于滦州”，“造大小船2000艘，以备漕运”（《元史·河渠志》）。实际上，这次造船任务由造船军实施，造船地点应在溯河沿岸傍城城南的“海城坞”。对此，滦南县地方志编纂委员会于1997年编修的《滦南县志》在“大事记”一栏中有载：“至元十九年（1282）秋九月，（元朝廷）复敕造船”，并记录了完成造船任务后，朝廷于今滦南县境“始放造船军归农”的历史事件。这又进一步证实了元至元年间溯河连通滦河的漕运之重要。（见图5-7、图5-8）

至元二十八年(1291)八月，省臣奏：姚演言，奉敕疏浚滦河，漕连上都，乞应副沿河盖露囤工匠什物，仍预备来岁所用漕船500艘，水手一万，牵船夫二万四千。臣等集议，近岁东南荒歉，民力凋敝，造舟调夫，其事非轻，一时并行，必致重困。请先造舟十艘，量拨水手试行之，如果便，续增益。制可其奏，先以五十艘行之，仍选能人同事。（《元史》）

此外，元廷亦多次疏浚滦河，“令整滦河故道，以供漕运”。

对此，《中国通史》亦有介绍：元代海运之开辟，使东南之米输至燕北，“与前代不同的是，元代在东部海域实行全线通航，首先在漕运业中形成了以海运为主、内河运输为辅的格局”。

遗憾的是，正史和方志对这一时期溯河漕运活动的记载很少，地方文献亦多是只言片语。

接下来，我们继续通过沿溯河故道的寻访，考证这一时期溯河漕运活动的存在。

图 5-7 《滦南县志》

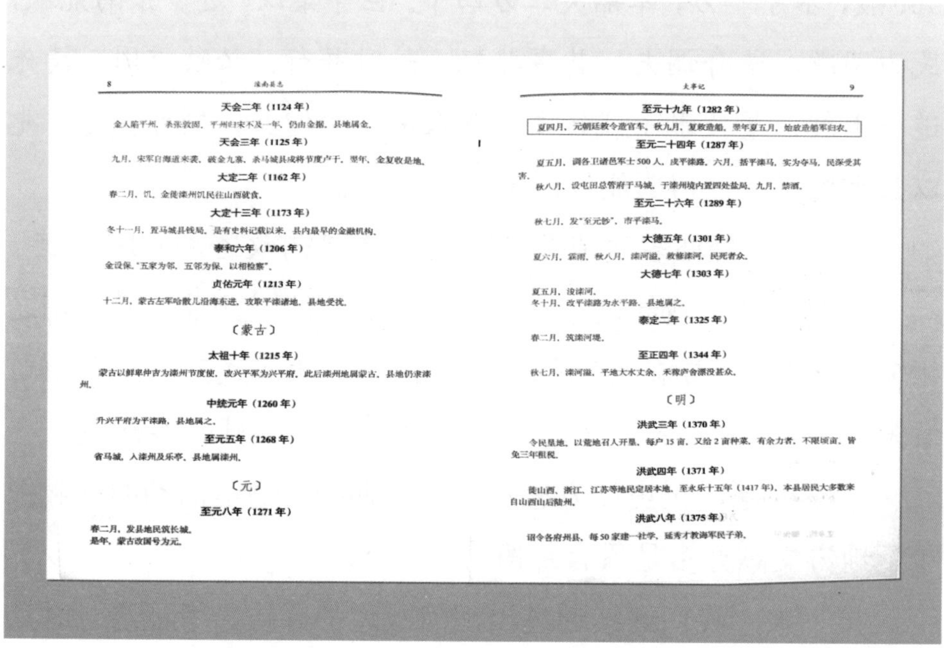

8 滦南县志

天会二年（1124 年）

金人陷平州，杀张敦固，平州归宋不及一年，仍由金据，县地属金。

天会三年（1125 年）

九月，宋军自海道来袭，破金九寨，杀马城县戍将节度卢干。翌年，金复收是地。

大定二年（1162 年）

春二月，饥，金徙滦州饥民往山西就食。

大定十三年（1173 年）

冬十一月，置马城县钱局，是有史料记载以来，县内最早的金融机构。

泰和六年（1206 年）

金设保，"五家为邻，五邻为保，以相检察"。

贞佑元年（1213 年）

十二月，蒙古左军哈散儿沿海东进，攻取平滦诸地，县地受扰。

〔蒙古〕

太祖十年（1215 年）

蒙古以鲜卑仲吉为滦州节度使，改兴平军为兴平府，此后滦州地属蒙古，县地仍隶滦州。

中统元年（1260 年）

升兴平府为平滦路，县地属之。

至元五年（1268 年）

省马城，入滦州及乐亭，县地属滦州。

〔元〕

至元八年（1271 年）

春二月，发县地民筑长城。
是年，蒙古改国号为元。

大事记 9

至元十九年（1282 年）

夏四月，元朝廷敕令造官车，秋九月，复敕造船，翌年夏五月，始放造船军归农。

至元二十四年（1287 年）

夏五月，调各卫诸邑军士 500 人，戍平滦路。六月，括平滦马，实为夺马，民深受其害。

秋八月，设屯田总管府于马城，于滦州境内置四处盐局。九月，禁酒。

至元二十六年（1289 年）

秋七月，发"至元钞"，市平滦马。

大德五年（1301 年）

夏六月，霖雨，秋八月，滦河溢，敕修滦河，民死者众。

大德七年（1303 年）

夏五月，浚滦河。
冬十月，改平滦路为永平路，县地属之。

泰定二年（1325 年）

春二月，筑滦河堤。

至正四年（1344 年）

秋七月，滦河溢，平地大水丈余，禾稼庐舍漂没甚众。

〔明〕

洪武三年（1370 年）

令民垦地，以荒地召人开垦，每户 15 亩，又给 2 亩种菜，有余力者，不限顷亩，皆免三年租税。

洪武四年（1371 年）

徙山西、浙江、江苏等地民定居本地，至永乐十五年（1417 年），本县居民大多数来自山西山后陆州。

洪武八年（1375 年）

诏令各府州县，每 50 家建一社学，延秀才教诲军民子弟。

图 5-8 《滦南县志》"大事记"

溯河经喑牛淀后南下入海的这一段，为溯河的下游，其径流路线为：从喑牛淀向南至小富各庄经张仙庄北折而向东，至前独莫城再折而向南至吴庄子，再至薛各庄北折而向西，至荣各庄，再往南经边庄子（廒上村西）至五里坨，再南下至蚕沙口入海。（见图 5-9）

图 5-9 溯河下游蚕沙口段（笔者摄于 2022 年 9 月）

在沿溯河故道寻访中，我们看到，从边庄子南下至蚕沙河口入海的这段，十几里长的溯河故道，至今尚能通航。从边庄子至蚕沙口，由北向南，我们一路寻访。

为便于读者了解溯河下游的径流情况及边庄子、五里坨、

廒上村、蚕沙口村的具体位置，我们节取了民国年间编《滦州志》中的溯河下游村庄分布图。（见图 5-10）

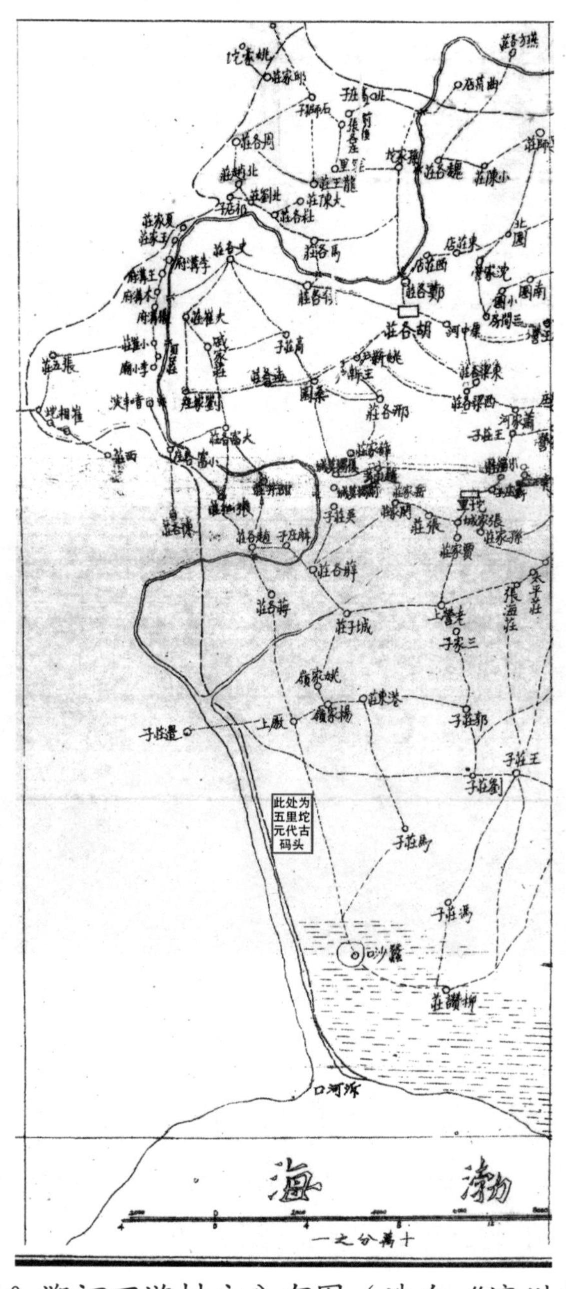

图 5-10 溯河下游村庄分布图（选自《滦州志》）

边庄子，元代溯河大规模盐运的见证者

今天的边庄子，已经演变为南北两个村，即南边庄子、北边庄子，呈南北排列，沿海公路从两村间穿过，古老溯河在村东侧静流。

边庄子，史称边家灶，因置灶煮盐而得名。据民国年间《滦县志》载：

考旧志，滦境旧有三坨、三堡，相沿已久，至清道光中叶，犹存煎滩三处，一处在新庄，一处在边家灶，一处在常坨。

史料记载，自北魏永熙元年（532），这一带沿海开始大规模置灶煮盐，一直延续至清末。“天下之赋，盐利居半。”金代于溯河上游的马城县置局贮钱解盐，使马城成为运盐调发转运中心，使溯河成为盐运主脉。蒙元承金盐业基础，太宗（窝阔台）时期，便在大直沽、溯河口等处设熬盐办，中统元年设盐使所，中统四年为转运司，至元十二年改立都转运司，至元二十二年设都转运盐使司。随着海运大开，至元二十四年（1287），官府在永平路所辖沿海设四大盐场，即济民场、惠民场、石碑场、归化场。其中“济民实为滦境”（《滦县志》）。济民场规模较大，其范围“南至海，北至侪城，东抵刘家河口接石碑场，西逾运河连越支场，海岸线达 130 里”。现南部沿海一带，边家灶及今曹妃甸区李家灶、孙家灶、常家灶、二面灶、三面灶等当时统归济民场管辖（见图 5-11）。古代沿海一带没有公路，济民场所产海盐基本上通过溯河漕运转输。元代，掌

图 5-11 古代晒盐场景（笔者拍摄于唐山市博物馆）

管滦州域内盐课事务的官方机构大使署，最初设在溯河下游边家灶北侧的崔各庄（后迁至柏各庄），可以证实元初溯河仍为盐运主脉。在元代早期，由于政治还比较混乱，地方官府对食盐的运销有很大的自主权。官府卖“盐引”，盐商买“盐引”，凭“盐引”去盐场取盐，通过漕运转输。虽然盐课也受到元初统治者的重视，但真正形成统一的盐务管理体系，还是到了至元二十九年（1292）“置盐运司，专掌盐课”后，“由户部集中管理、盐运司分区发卖”的盐引制度，才最终定型。

至元年间，溯河漕运不仅为济民场海盐的转输做出了重要贡献，也为南来漕船、商船“回空”（返航），输送了大量的压舱盐泥或食盐。盐司勾结地方官府，以盐谋利。时溯河口外“风帆海上，随潮上下，富商巨贾，云合雨集”，溯河盐运一派繁忙。

元代虽然颁布了严厉的盐法，“犯私盐者徒二年，杖七十，止籍其财产之半”（《元史·食货二》），但受盐利驱使，盐务管理问题逐渐恶化，元朝廷虽意识到问题的严重并设法解决，但积重难返，直至元朝灭亡一直存续。明初承元旧制，这一问题依然严重。据民国年间《滦县志》载：

洪永时，曾一再命御史视盐课，宣德四年，命御史于谦率锦衣卫官，捕长芦一带马船夹带私货者，于谦不避权贵，悉置之法，河道为之一清。

据北边庄子村 89 岁村民赵宗太介绍，北边庄子村早年间就有盐灶户，靠煮盐为生。到新中国成立初期，村东头小码头上盐坨还很大，十里八村的人都能看到，有“对子”船（漕船）装盐后沿溯河北上。

五里坨，元代溯河海河转运古码头所在地

五里坨，溯河东岸一个名不见经传的小村。在元朝，这里却是溯河下游海河转运的重要码头。小时候，大约在十二三岁，笔者到过这个村。这村离我家大概五里路，当时两村之间没有路，我是沿着河岸走到这里的。进了村，也就十几户人家，我当时的感觉是既奇怪又陌生，天下怎么还有这么小的村庄？没想到，与五里坨的见面，这是第一次，也是最后一次。50 年后的今天，当我们沿着溯河故道专程寻访这个久违的小村时，小村没有了，取而代之的是一片鱼塘和稻田。

经人介绍，我们寻访到了出生于五里坨并曾在五里坨生活

了几十年的漕运老船工张兰荣先生。（见图 5-12）

图 5-12 笔者拜访津南航运社老船工张兰荣

张兰荣是年 91 岁，现居住在曹妃甸区九农场五队。老人家精神矍铄，说起溯河漕运，滔滔不绝：“长辈们都说，五里坨有元代建设的漕运码头，当年码头规模很大，还设有转运漕粮的粮仓，就建在五里坨村西北面。”他还介绍，在他小的时候，从海上经蚕沙河口上来的漕船、渔船都停靠五里坨码头。那时五里坨是个大转运站，酒店、旅馆、货栈样样都有，船来车往，非常热闹。他年轻时，加入了津南航运社，归天津管辖，他们的漕船负责将北方来的山货、煤炭、其他杂货及当地产的食盐运往天津北塘，而南方过来的布匹、瓷器、日用品等抵达五里坨后，则通过陆路或水路运至上游各地。再后来，由于公路、铁路运输的发展和滦河上游水库的兴建，溯河漕运于20世纪70年代中期停运。

我们庆幸这位老船工至今健在，庆幸能与这位民国年间的老船工座谈。笔者收藏了与老人家座谈时的影像资料，祝老人家健康长寿。

世代居住五里坨的人们口耳相传的“元代古码头”应该就是“蚕沙口元代古码头”。因为，据考证，五里坨历史上不是独立的自然村，是蚕沙口的一部分。新中国成立后，五里坨划归蚕沙口村，是蚕沙口村的一个生产队。

元代早期，蚕沙口村所在地，四面环水，其西侧溯河水宽流急，漕船海河转运应在蚕沙口北部“移船就里停泊”。据《至正条格》载，元代官府对漕粮搬卸、运输、仓储环节进行了细致的规定。文中提到漕粮由海运经仓储转而河运的一条重要原则，亦即在海船吃水深度有保障的前提下，尽量“移船就里停泊，亲临交装”。内河沿线的河仓，就是针对河水深浅而择机选定的漕粮装卸和转运地点。据老船工张兰荣介绍，元代时五里坨不仅有元代古码头，还有元代漕粮海河转运的大粮仓。这说明，元代早期溯河口的海河转运枢纽位于蚕沙河口沿溯河北上五里的五里坨。“春秋二运”，这里应是漕船云集，“舳舻蔽水”，昼旗夜盏，一派繁忙。直到民国年间，五里坨古码头依旧是船来车往，桅樯林立。

接下来，我们按着张兰荣老船工的指点，寻访元代转运漕粮的粮仓遗址。

据张兰荣介绍，元代大粮仓在五里坨西北面很近的地方。现场踏察时，这里已是大片的稻田，稻田的下面究竟有没有粮仓遗址，不得而知。但其西北面不远处的廒上村，引起了笔者的注意。

廒上，元代漕仓的历史印记

廒上村，一个怪异的名字，离五里坨西北向三四里远。廒，汉语词典里解释为“粮仓”；上，这里应该指“北面”。也就是说，建在粮仓北面的一个村。

笔者在廒上村走访时，村里的老人们介绍，廒上村的东南方向曾有大粮仓。但笔者查阅史料及地方文献，没有找到有关廒上村曾建有粮仓的记载，仅在《读史方舆纪要》中找到了一些线索。

《读史方舆纪要》载：

元立屯田总府于马城县……州（滦州）南百十里滨海，海运时，尝置仓于此。

文中虽没有明确指出元代海运时在“州南百十里滨海”“置仓”的具体位置，但结合上文中对五里坨元代古码头的考证，可以推想，廒上村的老人们所称之粮仓，极有可能就是上文中所指的元代在溯河下游“滨海”的粮仓。

查阅北京出版社出版的《元代京畿地理》，笔者发现了一些很有用的线索。该书在介绍京畿粮仓情况时，分别将对应大都及上都的粮仓做了详细描述。这里需要解释的是：元代“两都巡幸”之前，上都周边地区亦视为京畿之地，两都制后，两都之间的周边地区，均称京畿之地，或称“腹里”“畿辅”。时溯河流域，亦为京畿之地。所以，该书在介绍京畿粮仓时，把上都对应的粮仓情况也纳入其中。书中说：“上都是元代京畿的组成部分，也不应忽视对其粮仓的考察。”

元代管理漕运的部门，初期叫军储所，后来叫漕运所、漕运司、都漕运司，至元十九年，改为京畿都漕运使司，专掌漕运之事。大概是由于资料有限，该书在介绍京畿粮仓时，重点介绍了与大都（北京）漕运相关的粮仓，主要包括分布在运河沿线或海运路线末端的粮仓，如河西务粮仓、通州粮仓、直沽粮仓等，此外还有大都城的粮仓。而关于上都对应的粮仓介绍，则不详细。

该书结合元人虞集《京畿都漕运使善政记》《元史·百官志》《中堂事记》《元典章》《经世大典》等众多史料，分析元代京畿粮仓情况，虽对大都地区漕运粮仓的建仓时间、仓储能力等作出了详尽阐述，但因不同史料对粮仓数量的记载相差较大，终未讲清楚具体的粮仓数量。至于上都对应粮仓，更是寥寥几笔。

《元代京畿地理》中根据今人整理的《大元仓库记》（佚名辑，1972 年台北出版）的记载，将大都对应的粮仓和上都对应的粮仓制成表格，以便读者学习研究。

现摘录《元代京畿地理》所列大都地区、上都地区粮仓情况一览表如下：

大都地区诸仓情况一览表

序号	仓名	占地（间）	仓储量（万石）	建设时间
京畿漕运司（22处）	相因仓	58	14.5	中统二年
	千斯仓	82	20.5	中统二年
	通济仓	17	4.25	中统二年
	万斯北仓	73	18.25	中统二年
	永济仓	73	20.75	至元四年
	丰实仓	20	5.0	至元四年
	广贮仓	10	2.5	至元四年
	永平仓	80	20.0	至元十六年
	丰润仓	10	2.5	至元十六年
	万斯南仓	83	20.75	至元二十四年
	既盈仓	82	20.5	至元二十六年
	惟亿仓	73	18.25	至元二十六年
	既积仓	58	14.5	至元二十六年
	盈衍仓	56	14	至元二十六年
	大积仓	58	14.5	至元二十八年
	广衍仓	65	16.25	至元二十九年
	顺济仓	65	16.25	至元二十九年
	屡丰仓	80	20	皇庆二年
	大有仓	80	20	皇庆二年
	积贮仓	60	15	皇庆二年
	广济仓	60	15	皇庆二年
	丰穰仓	60	15	皇庆二年

续表

序号	仓名	占地（间）	仓储量（万石）	建设时间
通州诸仓（13处）	乃积仓	70	17.25	
	及秭仓	70	17.5	
	富衍仓	60	15	
	庆丰仓	70	17.5	
	延丰仓	60	15	
	足食仓	70	17.5	
	广储仓	80	20	
	乐岁仓	70	17.5	
	盈止仓	80	20	
	富有仓	100	25	
	南狄仓	3		
	德仁府仓	20		
	杜舍仓	3		
河西务诸仓（14处）	大盈仓	80	20	
	充溢仓	70	17.5	
	崇墉仓	70	17.5	
	广盈北仓	70	17.5	
	广盈南仓	70	17.5	
	永备北仓	80	20	
	永备南仓	80	20	
	丰备仓	50	12.5	
	恒足仓	50	12.5	
	既备仓	50	12.5	
	足用仓	50	12.5	
	大京仓	60	16.25	
	丰积仓	50	12.5	
	大稔仓	70	17.5	
合计	49处	2959	736.75	

上都地区诸仓情况一览表

仓名	仓廒数量（座）	备注
醴源仓	4	正廒2座，东廒2座
广济仓	7	正廒1座，东廒2座，西廒2座，南廒2座
万盈仓	7	正廒1座，西廒2座，东廒2座，南廒2座
太仓	1	
云州仓	5	正廒1座，水廒2座，西廒2座
宣德府仓	3	如京仓正廒2座，西廒1座

佚名辑：《大元仓库记》，台北：广文书局，1972年版，第1~4页。

尽管《元代京畿地理》在讲述上都对应的粮仓情况时，明确提出："至于元上都粮仓的仓储情况，则无从得知其具体数字"（《元代京畿地理》第230页），但从上述列表中，我们发现了以下两个方面的重要信息：

其一，在《大都地区诸仓情况一览表》中，各仓占地、仓储量、建设时间基本清晰，而在《上都地区仓储情况一览表》中，相关信息基本模糊。由此可知，上都地区的粮仓情况，在史料记载中是有很大缺失的。应该说，上都地区对应的粮仓数量远不止这些。因为元朝实行"两都巡幸"，自元世祖忽必烈之后诸帝，均在每年三、四月间携后妃及文武百官，自大都赶赴上都，处理政事，九、十月间始返大都，往返时巡，成为一代定制，实际上实行的是两都并立制。元帝"每岁车驾巡幸两都，以万乘之富，六军之众"，可见巡幸上都时，除百官外，宿卫兵马、各色人等不在少数。上都本就是都城，加之朝廷带数万兵马每年要在上都城理政很长时间，所以上都的粮草需求也会很大。史料载：至元八年"上都每年合用米粮不下五十万石"，这还是在元初。及至后来，随着上都人口的增加，上都地区对应的粮仓也应该相应增多。因此，上都地区对应的粮仓在该表中的记载明显不足，至少对应上都漕运的溯河口海河转运所需粮仓或《读史方舆纪要》所载元朝在“州南百十里滨海”所置粮仓没有被载入。之所以记录不多，盖因上都主要由蒙古贵族管理政事，其疏于存档记录使然。这也应是元史断代的主要因素之一。

所以，元代溯河连同滦河的漕运，在史志上记载较少。同样，五里坨元代古码头及其漕仓的具体情况，亦难于详考。

其二，在上述两个“仓储情况一览表”中，大都地区对应的粮仓，曰“仓”，而上都地区对应的粮仓，曰“廒”。也就是说，由直沽往通州漕运线上的粮仓叫“仓”，而由溯河连同滦河至上都漕运线上的叫“廒”。那么，结合五里坨西北向“廒上”村的得名，就可以得知，五里坨耆老们一代又一代口耳相传的元代大粮仓，应该是“廒仓”。而廒上村系明永乐二年由山西山后陆州移民迁至此地而建，先人在廒仓北侧建村，取名曰“廒上”，是符合逻辑的，这和当年山西移民在蚕沙河口建村定居而认村名为蚕沙口，是一样的逻辑。

其实，真实的历史总会有一些遗存留给后人。

在廒上村寻访时，唐山方舟集团董事长、廒上村人孟凡帝也提到，廒上村东南曾有古代大粮仓。恰巧，在村里，笔者发现了一册由该村老村长编写的《廒上村志》，其中亦提到廒上村是“古代战争年代兵家仓廒之地”。（见图 5-13）

梳理上述碎片化的资料，大致可以确认五里坨西北部元代海河转运廒仓的存在。

图 5-13 笔者走访时发现的《廒上村志》

综上，在元至元十九年（1282）试行海运之后，随着上都地区对漕粮的需求，溯河的漕运方式发生了历史性的转变。即由河海联运，转变为海河转运，溯河口也因此而成为元代“南粮北调”之重要的海河转运枢纽。这也契合了地方文献中关于溯河“铜帮铁底运粮河”的记载。

元代早期，溯河口海河转运枢纽的形成，不仅满足了上都地区的漕粮需求，而且带动了周边盐业生产的发展，更为江南和燕北之间的贸易往来提供了支撑。

三、元代海运大兴时的溯河漕运

元代初行海运取得成效，使海运得到了元朝廷的高度重视。从至元十九年（1282）试行海运，到至元三十一年（1294）元世祖忽必烈驾崩，12 年间，元朝廷设海漕万户府、京畿督漕运使司执掌海运，改漕运由民运为军运；开辟新航线，到至元三十年（1293）开辟出“当舟行风信有时，自浙西至京师，不过旬日而已”的便捷航线；发展先进造船技术和航海技术，提高单船载运量。为之后大规模海上漕运活动打下了基础。

从至元三十年（1293）开辟新航线，到至正元年（1341），近半个世纪中，元朝海运大兴，岁运漕粮300万石左右，多时达到350万石。元文宗天历二年（1329），岁运漕粮达到352万石，参加海上漕运的官造海船多达千艘。

海运大兴时期，随着新航线的开辟和南粮北调海漕规模的扩大，南北方之间的贸易往来和文化交流空前繁荣。时蚕沙口元代古码头“米艚商船，昼旗夜盏。江浙商贾，往来不绝”，溯河漕运空前繁荣，转运枢纽远近闻名。

然而，遗憾的是，史料上对于这一时期的溯河漕运却鲜有记载。查阅元史及元代漕运历史资料，后人往往过多地记录了元代由大沽口经白河至通州往大都方向的漕运活动，而由蚕沙口沿溯河、滦河往上都方向的漕运活动却被忽略。其实，在元代，真正意义上的海河转运，溯河方向比大沽口直沽河方向要早很多年。

至元十九年（1282）元朝试行海运时，漕船抵达直沽后，大沽口往通州方向的内河，尚不能通航，漕粮大多存储于直沽，再转陆路运至燕京。元初北方一带内河漕运沿袭金代旧制，《金史》记载，金代改凿漕河路线时，虽设直沽寨，但却是经三岔河口折潞河赴燕京，且这条漕运路线因淤塞严重，仅十年便废。而《元史》记载，到元中统三年（1262）设直沽广通仓时，直沽至白河仍不能通航。关于直沽河在元代何时通航，天津市文史研究馆翟乾祥1993年发表《金元的盐、漕与直沽》一文介绍：元代“直沽河的整治，始自至治元年（1321）”。对此，《元史·河渠志》有载：

（英宗至治）元年正月十一日，漕司言：……今小直沽河口潮汐往来，淤泥壅积70余处，漕运不能通行，宜移文都水监疏浚……其令大都募民夫3000，日给佣钞一两，糙粳米一升，……四月十一日入役，五月十一日工毕。

是年小直沽白河潮汐往来，日久淤塞，漕运不通，下令疏通河道，五月八日开工，六月六日工毕。

此后，由直沽河经白河至通州的漕运开始畅通，直沽口真正的海漕、河漕转运枢纽才开始形成。

而溯河口具备海河转运的天然条件，从元代海运伊始即可承接海河转运。由此可知，从1282年元朝试行海运，至1321年直沽至白河通航，溯河承担漕粮海河转运的起始时间，要比直沽河早30多年。

接下来，我们结合对溯河故道的寻访，考证元代大兴时期溯河漕运的繁华。

蚕沙口，是我们寻访溯河下游的最后一个村庄，再往下就是溯河的入海口，古称“蚕沙河口”。

关于蚕沙口，最详尽的介绍，当数朱永远先生编著的《神龟背上的村庄》。先生以学者的态度，身临其境述古今，有史有景绘胜迹，如数家珍讲轶闻。其叙事之传神，文笔之老练，遣词之精到，吾辈追之不及。先生集作家、文史研究学者于一身，几十年来，推出多部专著。

现摘录《神龟背上的村庄》：

古人说“山不在高，有仙则名；水不在深，有龙则灵”，这话一点儿也不假。渤海边溯河口岸的蚕沙口，庄子不算大，人口不算多，却蜚声京东，远近闻名。这是为啥？

说来凡事皆有因：一是这里踞要津、把河口，曾为元代古码头；二是这里海浪缓、海滩平，船到这里可避风；三是这里古戏楼、天妃宫，妈祖救难显神灵。

一乡村弹丸之地，却得天地造化这么多，这又是为啥？

凡到过蚕沙口的人，都会惊异地发现，这个村庄的地势非常特别。这沿海一带方圆百里地都是一马平川的盐碱滩，平坦得像镜子一般。可到了蚕沙口，平地上却陡地鼓起了一个自西向东一里地长的大土丘。这土丘，西部中部隆起似龟尾、龟背，东部缓缓低去像龟颈、龟首，远远望去，酷似一个巨大的乌龟卧在海滩上。蚕沙口村的街巷民居就分布在“龟背”“龟身”上。

……到了元代，元世祖忽必烈下诏疏浚滦河、大开海运后，溯河口建码头、驻守军、聚商贾、收赋税，成为元代京畿海运的枢纽要津。……北上的南船多在这里避风聚泊，所以这里桅樯如林，商贾云集，十分繁华。就连我国古代著名历史地理典籍《方舆纪要》也详有载文：“蚕沙河口为渤海湾中之湾，浪缓滩平，江南商船米艚，海运多避风于此。”

短短数语，便使蚕沙口的区位、村貌、古迹、文保跃然纸上，同时，引出了溯河漕运的历史流源。

先有“蚕沙口”，后有“蚕沙口村”。

据《滦南县地名志》载，蚕沙口村，始建于明永乐二年（1404），系由山西移民定居建村而成。蚕沙口建村后，其西北部五里坨、东北部三里庄（今已湮）一带和南部沿海滩涂及溯河口外的西坑坨（今曹妃甸龙岛）一带海域均在蚕沙口村的辖区内。据村中耆老讲，蚕沙口建村伊始，基本上没有通往外界的马路。仅有向北的一条泥泞小路，可通曹家岭，且晴通雨阻。村子周边“冬季白茫茫（指盐碱滩），夏季水汪汪（指随潮汐涨落的海水）”，但是，村址所在的大土丘上，却是种瓜瓜脆、种菜菜甜，早已不再是碱土。可见蚕沙口村所在的这个大土丘历史久远。据考证，在元代早期，溯河口东侧的这片大土丘应是四面环水，不与陆路相连。其在元代所形成的文明，当赖于溯河漕运。元代之前，蚕沙口的这个土丘上应该有人居住，抑或有古代馆社或古村落。该地在明初建村之前就叫“蚕沙口”，虽然文献典籍中无明初以前此地村落的记载，但蚕沙口以“口”著称，则不仅仅是一个河口，而应是口岸，是元代之前就已存在的南来商船米艚进入北地的重要口岸。这一点，可以从笔者在蚕沙口村祖宅北侧土坡上拾到的北宋年间古钱币证实（见图 5-14）。笔者的祖宅就在妈祖庙的西北侧，小时候，每当下大雨后，我便去房后土坡上寻找一些被雨水冲刷出来的废铜，因为捡到之后可以到供销社的小卖部换零食，就这样，自己收藏了一些当年的古钱币，至今还在。此外，村里有人在拆庙时也捡到过北宋铜钱。

缘于蚕沙口村独特的区位特点，使得这里能够支撑溯河漕

图 5-14 笔者儿时在蚕沙口村捡拾的北宋古钱币

运考证的遗址、遗迹等历史遗存较多，为考证元代溯河漕运及海河转运枢纽的繁华提供了重要依据。

古迹之一：蚕沙口天妃宫——见证了元代蚕沙河口海河转运枢纽的存在

我国卓越的科学史学家王振铎认为：

天妃宫的历史价值和佛寺、道观不同，这种信仰反映了沿海人民对自然的崇拜，它既是海祭中心，也是古代船工聚会的场所。一般来说，天妃宫所在地都是港口或水运枢纽，同时也是历史上经贸和商馆的所在地。

图 5-15 在原址重建的蚕沙口天妃宫

地方文史学者朱永远先生在《蚕沙口天妃宫》古迹考证中介绍：

蚕沙口天妃宫，位于渤海沿岸溯河入海口处的蚕沙口村。在北方，天妃宫很少见，京津河北一带，唯有天津直沽天妃宫和蚕沙口天妃宫知名。

天妃即妈祖，姓林名默，祖籍福建省莆田县湄洲屿。生于北宋建隆元年（960）三月二十三，逝于雍熙四年（987）九月初九。蚕沙口天妃宫，与闽、粤、台的天妃宫同源，始建于元代，盖因“元用海运，故其祀为重”。当时，不止船夫渔民时时焚香膜拜于天妃宫庙，就连元朝的皇帝也常派人祭祀海神妈祖。此举屡见于史书。如《元史·英宗纪》载：“泰定三年七月，遣使祀海神天妃。”蚕沙口，曾是古代海运入京东辽西的必经之海河转运码头和天然避风港湾。史载，元至元二十一年(1284)元世祖忽必烈下诏疏浚滦河，大开海运。于是盛产漕米、竹纸、杂品的江浙商贾、闽粤粮船纷纷驾舟北上。蚕沙口南滨渤海，西傍被称为“铜帮铁底运粮河”的溯河，北连滦河，西通直沽，而成为海河转运的知名码头，是当时江南诸镇商船行河北必达之地。又因蚕沙口为渤海湾中之湾，浪缓滩平，故江南商船、米艚“海运多避风于此”，故又是蜚声海客之中的天然避风港。

国家科学史学家和当地文史学者，均将天妃宫与“港口或水运枢纽”联系起来，这就说明，蚕沙口天妃宫的建设缘于元代海运以及溯河口海河转运。也可以说，“蚕沙口天妃宫”，是证实蚕沙口(即溯河口)为元代海河转运枢纽的重要古迹。(见图5-16～图5-18)

图5-16 20世纪90年代初蚕沙口妈祖庙会盛况

图 5-17 20 世纪 90 年代初台湾客商参加蚕沙口妈祖庙会

图 5-18 蚕沙口天妃宫天妃圣母造像

关于蚕沙口天妃宫是否始建于元代，史志上无详考，地方文史研究及民俗学者一般认为，始建于元至元年间。在此，笔者从漕运的视角，略作论证，以就方家。

元代，政治中心的北移，迫使元朝廷重新审视漕运路线，最终选择以海漕为主、河漕为辅的漕运方式。

“经国之制，莫漕运为重。”元代，由官府组织军运漕粮，统一装船，统一放洋，统一接运，统一倒卸。整个海道漕运，由押运官兵、火长、船夫、水手、亚班等官兵和航海技术人员共同参与，形成多方联运的系统工程。元人贡师泰《海歌十首》介绍了海道漕运的具体过程：

黑面小郎棹三板，载取官人来大船。日正中时先转柁，一时举手拜神天。

出得蛟门才是海，虎蹲山下待平湖。敲帆转舵齐着力，不见前船正过焦。

大星煌煌天欲明，黄旗上写总漕名。愿得顺风三四日，早催春运到燕京。

只屿山前放大洋，雾气昏昏海上黄。听得柁楼人笑道，半天红日挂帆樯。

四山合处一门开，雪浪掀天不尽来。船过此间都贺喜，明朝便可到南台。

千户火长好家主，事事辛苦不辞难。明年载粮直沽去，便着绿袍归作官。

大工驾柁如驾马，数人左右拽长牵。万均气力在我手，任渠雪浪来滔天。

碇手在船功最多，一人唱声百人和。何事深浅偏记得，惯曾海上看风波。

亚班轻捷如猿猱，手把长绳飞上高。你每道险我不险，只要竿头着脚牢。

上篷起拖气力强，花布缠头裤两裆。说与众人莫相笑，吃酒着衣还阿郎。

“元统四海，东南贡赋集刘家港（今上海浏河口），由海道上直沽达燕都”（明正德《胡文璧与伦彦式书》）。元代海运漕粮，每岁春夏二运，“正月装粮在船，二月开洋，四月直沽交卸，五月回还，复运夏粮，至八月，又回本港，一岁二运”（《天下郡国利病书》）。古代海上行船，须借助信风和潮汐之便，这使元代海运漕粮，每岁只得“春夏二运”，而要满足北部政治中心及燕北官吏、兵民大量的粮食需求，就必增大每次漕运的规模。据《大元海运记》介绍：当时，海船每三十只为一组，一次发洋，就有漕船九百余，多时达一千八百只，可见元代海运规模之大。“东吴转海输粳稻，一夕潮来集万船。”元人王懋德的诗句，便是对元朝海运大兴时海河转运枢纽繁忙景象的写照。至于每岁海漕过程中，船队到达直沽口后，自三岔口往东的三大河口，直沽口接运多少漕船，娘娘宫河口接运多少漕船，蚕沙口接运多少漕船，则是由官府统一调剂。由于史料缺失，具体情况实难详考。

元代每岁春夏两次大规模海运，使得闽粤、江浙地区大量官兵、漕夫、水手、亚班长期漂泊海上，或聚居海河转运枢纽，推进了北方地区妈祖崇拜的形成和妈祖文化的北移。

元代海上“岁漕二运”，参与军运漕粮的人员众多，大批闽粤、江浙的官兵、漕夫、船工、水手漂泊大海之上。时木船在大海中航行万分危险，海难频发。海运之艰险，史料多有记载。《元史》载：“风涛不测，粮船漂溺者无岁无之。”元朝自至元十九年（1282）到至正二十三年（1363），历时八十一年之海运，究竟有多少官兵、漕夫葬身大海，其数量之大，难于统计。因此在闽粤江浙，“每闻一夫有航海之行，家人怀诀别之意”。臧梦解《直沽谣》云：“杂还东入海，归来几人在”，“北风吹儿堕黑水，始知溟渤皆墓田。”这绝不是危言耸听，而是真真切切，“父别子，夫别妻，生受其祭，死招其魂，浮殁如萍，生死如梦。其幸而脱鲸鱼之口，则以为来世更生，来岁复运，不知蛎蛄之有春秋。”（《航运史话》）

面对惊涛骇浪，人们只能祈求海神妈祖保佑，慰藉心灵，以求平安。在木帆船航海时代，一旦“鲸波万里，飓风或作”，除了祈求神灵护佑，恐怕没有其他技术手段可以利用。

值得注意的是，首先关注这件事的，却是元朝廷。《元史·始祖本纪》载：至元十六年（1279）“制封泉州神女号护国明著灵惠协正善庆显济天妃”。世代生长在北方草原的蒙古族统治者突然把南方沿海的护航女神提到护国神的地位，不会没有原因。而且这个时间是在朱清、张瑄海运图籍后的第三年，同时也是忽必烈试行海运（1282）前的第三年。

这之后，至元十八年（1281），元世祖以庇护漕运，册封天妃为护国明著天妃，可见，元朝廷在试开海运之前，已为海漕做足了准备。史料载，元代海运时，漕船在刘家港毕集后，从放洋到接运都要有祭祀天妃活动，而且例行无误。所以行海运后，沿线各地都要建庙以祭天妃。据《元史·祭祀志》载：

南海女神灵慧夫人，至元中以护海运有奇应，加封天妃神号，积至十字，庙号灵慈，直沽、平江、周泾、泉、福、兴化等处皆有庙，皇庆以来，岁遣使斋香遍祭。

这就是说，连朝廷每年都要派官员到各地天妃宫烧香祭祀。据此，原天津历史博物馆副研究员王文彬认为，大直沽天妃灵慈宫应是在至元年间这样的背景下应时而建。而 1994 年 2 月，天津市水利局高级工程师徐宏钧、天津市文史研究馆馆员翟乾祥，在其发表的《大直沽天妃宫创建的背景和意义》中也认为："至元中海运有奇应"，显然指至元二十年后行海漕。文中介绍，直沽、平江、周泾等这些地方建天妃宫的时间，也应在至元二十年以后的不久。平江是指苏州，因为从地理位置上，太仓和刘家港是由浏家河沟通刘家港至太仓，再至苏州。而周泾是太仓的两所天妃宫所在地，其中一所建于至元二十三年（1286），由海道万户朱旭在浏河北岸创建，另一所建于至元二十九年（1292），亦由海道万户朱旭所建。因为行海漕后，按其惯例要有祭祀天妃的活动，太仓建天妃宫，直沽也应建对应的天妃宫，以便举行接运时的海祭。但直沽建天妃宫的时间不会晚于太仓。至于直沽海祭最初对应的是太仓的哪一个天妃宫，难以详考。所以，认为直沽天妃宫应该始建于至元二十三年至二十九年间。

由上，笔者认为，蚕沙口天妃宫亦应在这样的背景下兴建，这在当时具有重要的现实意义。蚕沙口天妃宫的始建年代，应为元至元年间。而且，溯河漕运作为元代率先繁荣的历史见证，其始建年代可能早于上文所称之至元二十三年，或早于元代试行海运的至元十九年（1282）。因为据蚕沙口村耆老介绍，蚕沙口天妃宫早期叫“鱼姑庙”，且相沿很久，后来才改成天妃宫。（见图 5-19）

图 5-19　蚕沙口妈祖庙会于 2019 年 12 月被列为河北省省级非物质文化遗产，于 2017 年 6 月被列为唐山市市级非物质文化遗产

由上，蚕沙口天妃宫，是元代海运大开时，蚕沙口海河转运枢纽的最佳证据。

古迹之二：蚕沙古戏楼——记录了元代蚕沙河口海河转运枢纽的繁荣

1998 年，笔者曾和时任滦南县文物管理所所长刘福海去唐山市文物局专程了解蚕沙古戏楼的相关资料，发现了蚕沙古戏楼的图片资料（见图 5-20）。

图 5-20 蚕沙古戏楼（历史资料图片）

关于蚕沙古戏楼，朱永远先生在其《蚕沙古戏楼》一文中介绍：

蚕沙古戏楼，亦称蚕沙古楼，坐落在曹妃甸沿海溯河口（古称蚕沙河口）蚕沙口村。旧时，登此楼可南望滔滔渤海，故又曾称之“望海楼”。几百年间，它曾以宏伟壮观、建造神奇蜚声京东，驰名关内外。

蚕沙古戏楼高约15米，坐南面北。楼台进深约20米、宽15米，占地达三百余平方米。戏楼主楼居中，突兀于左右配楼之前。大方石砌成七尺高的楼台，四根通天巨型石柱支撑楼顶，石柱通天在宋元之后的建筑中罕见。主楼左右有配楼分坐于后楼两翼，使古楼整体呈“品”字形，构成前、左、右“三面观”的宋元戏台建筑风格。配楼全仿主楼造型缩建。主、配浑然一体，对称和谐，相映成趣。……一座古楼，梁、柱、枋、斗，构件多过千余，卯榫结合，严实牢固，整个建筑没用一颗铁钉。

……古戏楼究竟建于何年代？据考证，最晚当建于元初。

……更为重要者，与蚕沙古戏楼相对面，还有古庙天妃宫。

元代海运岁漕春夏两次，规模宏大。时船队涌入溯河口后，头船驶入五里坨码头，尾船可能还在口外，“舳舻相连，绵延数里”。元代海运船体较大，每船上押运兵丁、火长（掌管指南针航海）、大工（舵工）、水手、亚班等人手较多，大型漕船上人手多达200人。浩浩荡荡的粮船抵达溯河口后，码头开始人员聚集，验货、验损、卸载、存储、转运，一时间官兵、杂役、民夫、船工一派繁忙。仅公使验质、验损一项，就非常烦琐：“将运粮海船撤开棚盖，拨去气头湿润、色暗米样，另行收贮，候装好粮完备，辨验其米，如堪支持，依上交对。”（《至正条格》）还有官府例行的接运、迎献活动，再加上等待信风，致使江南官兵、船工与北方杂役、民夫相处时间较长，这就自然形成南北文化的深度交流。正如元代诗人傅若金的诗句：

远漕通诸岛，深流汇两河。
鸟依沙树少，鱼傍海潮多。
转粟春秋入，行舟日夜过。
兵民杂居久，一半解吴歌。

元代杂剧兴起。元初，民族矛盾和阶级矛盾尖锐，广大平民受到残酷压榨，科举之废又使下层文人仕进受阻、“门第卑微”，特定的历史环境和时代背景，使那些怀才不遇的“书会才人”，开始下沉去真实地反映底层民众的思想情感和生活愿望，催生了元杂剧的兴起，并逐步发展，成为朝野共赏的艺术形式。

蚕沙古戏楼在这样的背景下兴建，应该说是生逢其时。因为它更多地关注了那些九死一生、漂洋过海、泊聚码头的水手、船工的情绪。“万舰同宗在海心，一时相离不知音。夜来欲问平安信，明月芦花何处寻？”（《寻踪》）面对着乡亲、故友生死离别，这些侥幸存活下来的船工、水手，自然感恩妈祖保佑，其在蚕沙口期间，亦必然去天妃宫焚香叩拜，酬神还愿，祈求归途祥顺。而面对“来岁复运”的残酷现实，又何日是“归途”？于是“父别子，夫别妻”的离别情景自然重现于心，“浮殁如萍，生死如梦”，便成为这些江南游子的无奈解脱。由是，蚕沙口古戏楼和天妃宫便成为他们抚慰灵魂的最佳场所。元杂剧则变为他们滋养心灵的美味鸡汤。正如朱永远先生《蚕沙古戏楼》所载：

考知蚕沙口于杂剧鼎盛之时，因其杂剧可犒驻守元军兵甲之劳顿，可解南来船客之愁苦，可悦当地民众欣赏之耳目，故演出非常活跃。

时蚕沙口古戏楼的建立，满足了转运枢纽杂居兵民及南北商客的文化生活需求。

蚕沙古戏楼，见证了元代溯河口海河转运枢纽的繁荣。它不仅是南北文化交融的重要场所，也为之后评剧、皮影、乐亭大鼓“冀东文艺三枝花”的生成和发展，培育了基因。

蚕沙古戏楼，于1968年作为“四旧”被毁。今天的古戏楼，乃是自1992年于古迹原址上奠基后，历经多年至2016年依原样重建而成的。（见图5-21～图5-23）

图5-21 20世纪90年代初蚕沙古戏楼奠基仪式

图 5-22 20 世纪 90 年代初蚕沙古戏楼奠基场景

图 5-23 依原样在原址重建的蚕沙古戏楼

古迹之三：蚕沙口元兵墓群——证实了元代蚕沙河口海河转运枢纽的重要

从蚕沙口村往东北方向走三里远，有“元兵墓群”。这里曾是东西走向的一片高坨地，我十来岁的时候，来过这里。印象中，当年这里荒无人烟，坨地上长满荒草，坨地的南面有一个很大的水塘，水塘里的水很清澈，掬一捧塘里的水，喝到嘴里甘甜。老人们说这里有“鞑子坟”，很凶，不让到这里玩儿。可小孩子的天性就是好奇，大人们不说，我们还不知道，说了，就偏要悄悄地来这儿看一看。仅到过一次，其实这里没有坟头儿，就是感觉有些瘆人，所以，以后就没再来过。

这次寻访时，当年的那片高坨地已不存在，取而代之的是一片平展展的稻田。但那个大水塘还在，有六七亩水面，因为无人光顾，里面长满了蒲草、芦苇，杂乱无章，但池塘里的水还是那么多，且依然是清澈的。这个不与任何河道相连的水塘，常年积水，不溢不涸，说明池下应有泉眼。池塘何年凿成，为何而凿，无从详考。但老人们说，蚕沙口建村伊始，村民们就来这里取水而饮。

据蚕沙口村党支部原副书记朱振敏介绍，这里的“鞑子坟”曾经被盗，唐山文物部门专家曾经在这里进行过考古研究。后来，我们找到了一些考古研究时的相关资料：

2016 年 12 月 6 日，唐山市文物管理部门派专家对蚕沙口古墓群进行了考古研究，虽未进行深入挖掘，但通过探测等考古手段证实，古墓群中有七座墓，其中一座被盗。经过对被盗之墓的简单挖掘，该墓用青砖砌成，呈圆形，其形制应为元代古墓。据当时考古现场负责人介绍，这一古墓群应为元代墓群，结合蚕沙口村的漕运历史，疑为元代驻兵墓葬群。根据保护第一的原则，要求当地对古墓进行保护。（见图 5-24 ～图 5-26）

考古现场还发掘出半截墓碑，但纪年已失。据说碑上仅剩下田姓的几个名字，所以，有人认为这是蚕沙口村田姓家族先人的墓碑。

图 5-24 唐山文物部门对蚕沙口元兵墓群考古研究

图 5-25 考古现场发现的半截墓碑

图 5-26 蚕沙口元兵墓群考古现场

2021年11月，随着冬季的到来，蚕沙口元兵墓群所在区域的水稻早已收割，稻田地的每一个角落都可以踏察。11月中旬的一天，我约上老同学朱振敏，到蚕沙口元兵墓群遗址进行考察。当时，空旷的田野里，已经找不到当年发掘时的任何痕迹了。在没有具体坐标和参照物的情况下，我们只能在大概的方位上，耐心地寻找一些可能的发现。值得庆幸的是，在一处干涸的稻田沟里，我们发现了一些古老的青砖，有的上面还隐约地刻画着图案，顺着这条沟渠再往北走，在田埂的埝坡上，荒草之中躺着一块半截的墓碑。（见图5-27、图5-28）

图5-27 蚕沙口元兵墓群墓碑（已残）

图 5-28 蚕沙口元兵墓群墓碑碑文（局部）

这是一块墓碑的下半截，石碑有十几厘米厚，正面有阴刻文字，并阴刻了卷草纹边框纹饰。文字部分的年代信息因缺了上半截，年、月已失，仅剩下“十五日”。背面无字无纹。

这半截墓碑所表露出来的文化信息，指向其跟元代和蒙古族有关：

其一，边框阴刻纹饰卷草纹的画法，指向其为元代所制。卷草纹是中国传统图案，汉唐以来广泛流行，多取牡丹等花草的枝叶，采用曲卷多变的线条，使叶脉旋转翻滚，结构舒展而流畅，唐之后，逐渐简化。南北朝时，卷草纹大量运用于碑刻边饰，风格简练朴实。其图案为，在波状组织中，以单片花叶、双片花叶或三片花叶，对称排列在代表主干的波状线两侧，形成连续流畅的带状纹饰。而这块墓碑的边饰则是更为简化的卷草纹，由“S”形曲线排列，构成二方连续图案，即一个单元向上，一个单元向下，正反相接，往复排列。卷草纹的这种画法，为元代所独创。

其二，碑文中的一组人名，显示其为蒙古族人的名字。在碑文的下方，竖排着一组人名：“烏逄児、安萬児、雲朋児、鳳流児……”这样的人名，不符合汉族人取名的习俗，而是契合了蒙古族的取名习惯。如上文中提到“那颜侪盏”，“那颜”是职位，“侪盏”是其名，但在《元史》中，则称其为“塔察儿”。在这一组名字的右下方，仅剩两个字“之墓”，再往下至卷草纹边饰，再无其他文字。

其三，碑文中，“児”字的写法趋于元代。碑文中的“児”字，不是现代汉语中“儿”的繁体字“兒”，而是“儿”的俗体字。在元代，俗体字的使用比较普遍，据有关学者统计，元刊《古今杂剧三十种》中，使用的俗体字多达936个。元之后，俗体字在正式场合露面的机会越来越少。

为进一步考证这半截碑的年代，笔者专程拜访了古碑收藏界人士，在现场，我们比对了永平路知府撰文的《柏公墓志》等两通元代石碑刻，其边框纹饰及“儿”字的写法，与此半截碑上的完全一样，认为这半截石碑应是元代墓碑。

此外，值得注意的是，此半截碑的核心位置“曾孫田”三个大字竖排，十分醒目，不知何意。查阅各种资料，仅在《诗经·信南山》中找到一些线索：

信彼南山，维禹甸之。
畇畇原隰，曾孙田之。
我疆我理，南东其亩。

诗词大意为：

终南山山势绵延不断，这里是大禹所辟地盘。

成片的原野平展整齐，后代子孙们在此垦田。

划分地界又开掘沟渠，天陇纵横向四方伸展。

另，曾孙：后代子孙。朱熹《诗集传》：“曾，重也。自曾祖以至无穷，皆得称之也。”田：垦治田地。

至于“曾孙田”三个字在此墓碑中做何解释，留待专家考证。也许，这一切与元代溯河口驻兵的“军屯”有关。

结合 2016 年 12 月唐山市文物部门在考古现场认为“结合蚕沙口的漕运历史，疑为驻兵墓群”的考古研究，这通石碑，应为该元兵墓群之碑。

元代海漕由民运改为军运，蚕沙口作为海河转运枢纽，应有驻军镇守，而在元代，这些驻军的粮饷主要靠驻军屯田耕种解决。

这个冬季，我先后几次到蚕沙口元兵墓区域寻访，盼望能够找到墓碑的另一半，但每次都是无功而返，仅有一次拾到了一块黄釉瓷片，后又在周边发现了几块罐底残片，可以证实，这里曾经出土过元代黄釉大罐，可惜被人打碎。村民耕地时，又将那些瓷片翻到各处。

为了找到更多的佐证，笔者拜访了当地一些古玩收藏界人士，终于，一位80多岁的刘姓老人，介绍了蚕沙口元兵墓出土的有关文物线索。据他说，“早年间，蚕沙口鞑子坟曾经被盗。据说没啥值钱的东西，仅有一些瓶瓶罐罐。那年头瓶罐不被盗墓人重视，一般都打碎。后来，听说有一件大盆没有损坏并流入了市场。说来也巧，二十年前，我还真见到过这件东西，是一件元朝磁州窑的鱼藻纹大盆”。

后来，几经周折，笔者凭着这位老人的回忆寻到了一件元代磁州窑白底黑花鱼藻纹大盆，经刘老先生确认，这件大盆与先生当年所见那件元代大盆同质同形，同一纹饰，盆底部的冲口也一样，且口径一样，都是50厘米。（见图5-29、图5-30）

这件疑似蚕沙口古墓群出土的元代瓷器，与国家博物馆展出的辽宁绥中三道岗元代沉船遗址出水的元代磁州窑白底黑花鱼藻纹盆，如出一辙，契合了唐山文物部门考古发掘时，认为蚕沙口墓群“疑为元代墓群”的考古认证。

蚕沙口的这一元代墓群为元兵墓群，但按照蒙古族的惯例，蒙古人死后应运至其家乡入葬，那么，这些蒙古人为何要葬在这里呢？关于这一点，有人推测“因镇守这里的元军中流

图 5-29 疑似蚕沙口元兵墓出土的元代磁州窑白底黑花鱼藻纹大盆（口径 50 厘米）（侧面图）

图 5-30 疑似蚕沙口元兵墓出土的元代磁州窑白底黑花鱼藻纹大盆（口径 50 厘米）（正面图）

行瘟疫致死人太多，便按元人风俗就地掩埋了”（《滦南古今概览》）。但笔者认为，也可能死于兵变。《元史》载：

（中统）三年，李璮反，据济南，文蔚以麾下军围其南面，春秋力战，城破，璮诛，奏功还。

这里所讲的是，元中统三年（1262），江淮大都督汉人李璮，与其岳父中书平章政事王文统，内外勾结，趁忽必烈与阿里不哥作战之机，起兵反叛，后被元将文蔚率军击败的史实。对此，《滦南文物古迹寻踪》载：

元中统三年（1262）春二月，江淮大都督李璮叛反，以连海三城降宋，令军中汉人，尽杀蒙古军。

至于蚕沙口元兵墓所葬元兵是否为此次兵变所杀，史无详考。但此次“叛乱”后，忽必烈诏令元帅阿哈分兵进入平滦海口要地，拥兵重守海口要冲，确有记载。

元代大规模海运时，不仅在漕船上配有押运兵丁，海河转运枢纽也要驻扎镇遏军，以镇守入海口。《元史·兵志》记载：

任宗延祐三年四月，海运至直沽，枢密院官奏：“今岁军数不敷，乞调军士五百人巡镇。”从之。七年四月，调海运镇遏军一千人，如旧制。

为解决镇遏军粮草供应问题，官府还令镇遏军屯田，所需耕牛、农具，照例由官方出资购置配给。这些在《元史》中亦有明确记载。

另据《读史方舆纪要》载：

《郡志》：滦河口有刘家墩海防营，时滨海要口也……又西至滦州之蚕沙口四十里，皆有官兵戍守。

虽然史料中没有潮河口驻防镇遏军的记载，但蚕沙口元兵墓群证实了元代潮河口海河转运枢纽驻军的存在，进而证实了海运大兴时潮河漕运和蚕沙河口（潮河口）海河转运枢纽的重要。

此外，笔者在元兵墓群遗址踏察时，在墓群遗址南侧新开凿稻田沟渠的立面，发现距离地表 1.5 米深处有疑似古代船板存入其中，惜被挖掘机械折断（见图 5-31），此地或遗古代沉船。

图 5-31 蚕沙口元兵墓群南侧渠沟中的疑似古沉船板

在蚕沙口村，天妃宫、古戏楼、元兵墓、古沉船，这一桩又一桩的古迹遗存，诉说着元代海运大兴时潮河漕运的繁荣。

海运大兴满足了元朝廷南粮北调的田赋征集，开创了我国南北海上交通往来和海上贸易的新阶段。同时，元朝统治者以征服者的威势，压迫人民，使这一时代的人民，付出了大量的血汗，遭受了无限的痛苦。到元顺帝时代，南方各省大规模农民起义爆发，海运大减。据史料载，至正二年（1342）海漕减少至二百六十万石，比过去减少了近一百万石。到至正十九年（1359），岁漕北运下跌到仅十一万石。至正二十三年（1363），海漕全部停止。

溯河漕运亦随之进入低谷。

第六章 蚕沙河口，元代海上陶瓷之路节点

《读史方舆纪要》载：

蚕沙河口为渤海湾中之湾，浪缓滩平，江南商船、米艚，海运多避风于此。

据光绪《畿辅通志》记载，元朝漕运，大批漕运粮进入渤海湾后，根据用途安排：

一由直沽经白河至通州，一由娘娘宫经粮河至蓟州，一由芦台经黑洋河蚕沙口、青河至滦州。

这里所指的“青河”（古称清河），实际上应为“溯河”（旧称泝河）。清代有关介绍溯河的史料中，多有将溯河与青河混淆，笔者不揣谫陋，辨误如下，以还溯河漕运之清晰脉络。

溯河，独流入海，是秦汉以来漕运故道。溯河的入海口，古称“蚕沙河口”，是古代渤海湾北路航线的天然避风港，又是元代南粮北调海河转运的重要枢纽。这些笔者在前文已有论证。

而青河，则多次改道，历史上借溯河入海有之，作为滦河的分支亦有之。这些在史料上多有记载。北魏年间《水经注》中介绍“新河又东与素河（今溯河）会”后，又曰：“新河又东，与清水会，水出海阳县，东南流迳海阳城东，又南合新河，又南流一十里许，西入九過，注海……新河东会于濡（滦河）。”

这说明，至少在北魏之前，青河是夹于溯河滦河之间独立存在的。但到了元代，由于泥沙淤塞，新河及青河上游已废，青河已成滦河的一个分支。对此，《元史·河渠志》《天下郡国利病书》也有介绍：元泰定元年（1324）以前，滦河从其西岸的王家闸分出支河，曰青河。青河西支经蔡家营、许家坟至今马城西南暖泉一带，南下至蚕沙口入海。至明代，《明一统志》载：青河“源出马城北、蔡家庄，旧堙塞。洪武中疏浚故道，置闸潴水，以通海运”，“明永乐十八年以运船遭风罢”。民国二十六年修《滦州志》载，青河发源于马城西翟家庄西北，河流向南五里许，有暖泉自西岸注入，经李家大桥下流至大清河口入海。

清代，滦河多次泛滥决口，导致青河多次因淤塞而向西改道，史料记载，清光绪二十年（1894）秋七月，连日暴雨，滦河决口，洪水过后，青河向西改道约 200 米。

青河的频繁改道，使青河逐步靠近其西侧的溯河。也许是由于这些因素，清代时史料多有将溯河与青河界定不清的情况。

如中国文史出版社出版的《唐山历史写真》所载清光绪二年《滦州疆域图》中，将溯河上游的大溯河、小溯河标注为“大清河、小清河”，将溯河下游自暗牛淀南下入海的这一段标注为“亦名清河”。（见图 6-1）

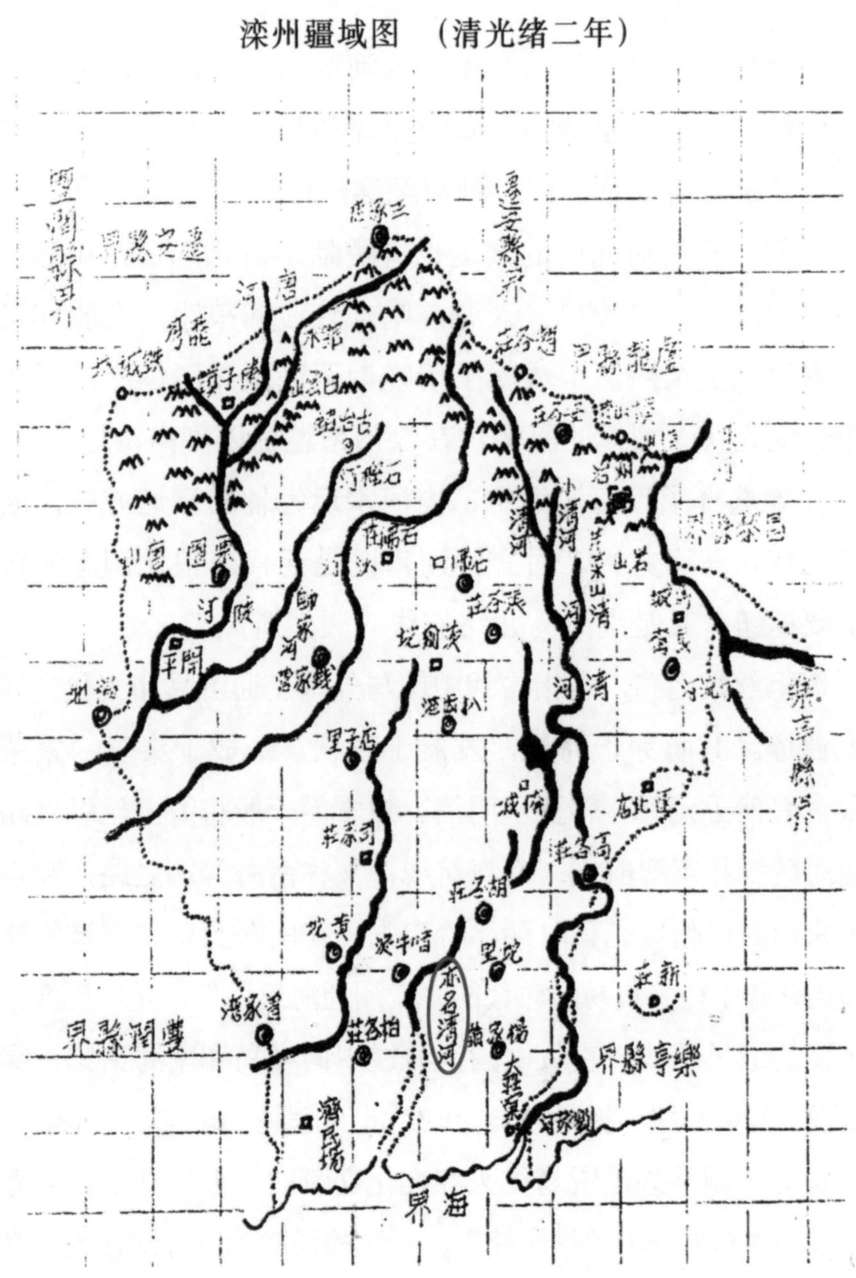

图 6-1 滦州疆域图（选自《唐山历史写真》）

可见，在清代，对溯河与清河在概念上是混淆的。在这样的背景下，《读史方舆纪要》《畿辅通志》等清代史志，介绍元代海漕自“三岔口”而东由海入河的三大河口时，均称“一由芦台经黑洋河、蚕沙口、青河至滦州”。而实际上应为“一由芦台经黑洋河、蚕沙口、溯河至滦州”。

当然，青河对元朝的漕运也有贡献，自元泰定元年后，青河不再由溯河（蚕沙口）入海，吃水较浅的粮船、商船亦可由海入青河北上至滦河，成就了清晚期至民国滦河偏凉汀码头的繁荣。但元代大规模的海漕，在滦州南境仍以溯河漕运为主。

元朝选择了以海运为主、内河水运为辅的漕运方式，所以到了元代，海运大兴。时蚕沙河口既是元代南粮北调海河转运的重要枢纽，又是渤海湾北路航线的天然避风港。

海上丝绸之路，是指古代中国与外国交通贸易和文化交往的海上通道。其萌芽于商周，发展于春秋，形成于秦汉，繁荣于唐宋，兴盛于元朝，转变于明清。史学界一般将海上丝绸之路分为南海航线和东海航线：南海航线，又称南海丝绸之路，起点主要是泉州和广州。先秦时期，岭南先民在南海至南太平洋沿岸及其岛屿开辟了往来贸易，唐代的“广州通海夷道”，是中国海上丝绸之路的最早航线。它从中国南海经中南半岛和南海诸国，穿越印度洋，入红海，抵达东非和欧洲，途经 100 多个国家和地区，成为中国与外国贸易往来和文化交流的海上大通道。东海航线，也叫“东方海上丝绸之路”。春秋战国时期，齐国在胶东半岛开辟了“循海岸水行”，直通辽东半岛、朝鲜半岛、日本列岛直至东南亚的黄金通道。唐宋时期，这条航线的海上贸易日趋发达。

唐代时，支撑海上丝绸之路的主要大宗商品是丝绸，宋代发展为丝绸和陶瓷，到了元代，丝绸之路的主要商品已由丝绸变为陶瓷，沿线国家已开始以陶瓷代称中国。此时，海上丝绸之路又称“海上陶瓷之路”。

元朝开始的政治中心的北移，迫使元朝廷重新审视漕运路线。自至元十九年（1282）试行海运，到至元三十年（1293），元朝廷终于开辟出新航线，“从刘家港（江苏太仓）至崇明、三沙，东行进入黑水洋，到达成山后西行，再经刘公岛、登州沙门岛，进入渤海湾至大沽口”，这条“自浙西至京师，不过旬日而已”的便捷新航线，成为元代南粮北调的海上漕运路线，实际上开辟了一条从东海到黄海再到渤海的南北航线。

这条由“南粮北调”而开辟的南北航线，虽没有“南海航线”和“东海航线”那样轰轰烈烈，但它从南到北承载了大中国南北方的海上贸易往来和文化交流，开创了中国古代水路交通运输的新纪元。而这期间，自三岔口而东的渤海北路航线上，由蚕沙河口这一节点北上的漕船、商船，依托溯河连通滦河的漕运路线，源源不断地将江南及中原地区的粮食、瓷器、茶叶、布匹等物资运往漠北，支撑了元上都的繁荣和草原丝绸之路的通达与繁盛，应该引起学术界的关注。

一、蚕沙河口，渤海湾北路海上陶瓷之路的重要节点

20 世纪 80 年代，天津河西务漕港遗址发现的分类堆放的

元代龙泉窑、景德镇窑、磁州窑等瓷器，证明直沽港曾是元代瓷器的海陆转输集散地。

河西务，是元至元年间元朝廷开辟的南粮北调海上便捷新航线的北方节点。至元二十四年（1287），元代漕运管理机构京畿运司分立都漕运司，于河西务置总司，下设14座储仓。各仓遗址埋藏丰富，历年出土大批元代瓷器，出土时，很多瓷器成类堆放在一起，说明是储存的商品。河西务14仓遗址成类堆放的大量瓷器，证明河西务漕港为元代瓷器海陆转输集散地。而直沽河西务漕港各仓遗址出土的成类堆放的龙泉窑、景德镇窑（窑址在今江西）瓷器，则又证实了元代海上陶瓷之路南北航线的存在。

1991年10月，中国历史博物馆水下考古研究室发掘的绥中三道岗元代沉船，证实了元代渤海湾北路海上陶瓷之路的存在。三道岗沉船遗址地处辽宁省绥中县所辖渤海海域。绥中县位于冀东平原与东北平原交界的辽西走廊，扼关内外交通之咽喉。考古资料显示：三道岗沉船遗址，距离陆地岸线约5.5公里，沿岸以沙砾岸为主，无天然良港，沉船遗址处水深约14米，在沉船1000米×2000米的范围内，共发掘出完整的元代磁州窑瓷器1000多件和大量元代铁器。经多方专家鉴定，确认这是一处元代沉船遗址。考古专家认为，三道岗元代沉船的发现，是渤海湾古代发达的海上运输体系的见证。专家分析：沉船中出水的磁州窑系精品瓷器，产地应该是今河北邯郸磁县西部滏阳河上游的彭城。沉船中的元代铁器亦应产自磁州境内（今邯郸仍是钢铁基地）。专家认为：沉船上的元代瓷器和铁器，应是先用体积小的沙船由磁州彭城装船，沿滏阳河顺流而下，入漳河故道，北上入运河，到达直沽港。而三道岗沉船排水量约100吨，船体较大，不适合在内河水路运输，因此，只能从直沽港装货，然后沿渤海湾北路航线航行，进入辽东，不幸在绥中三道岗海域触滩搁浅遇难。

绥中三道岗沉船的发掘，证实了元代渤海湾北路陶瓷运输航线的存在（见图 6-2）。

图 6-2 中国国家博物馆展出的三道岗元代沉船瓷器

20 世纪 90 年代初，溯河口外西坑坨海域出水的包括元代瓷器在内的大量瓷器，亦可证实渤海湾北路陶瓷运输线的存在。西坑坨西侧、西坑口子海域出水的元代瓷器例举如下。（见图 6-3 ～图 6-18）

图 6-3 潮河口外海捞元代磁州窑白底黑花大罐，该海捞大罐与中国国家博物馆展出的辽宁绥中三道岗元代沉船打捞的元代磁州窑大罐相近

图 6-4 溯河口外海捞元代磁州窑白底黑花小罐，与辽宁绥中三道岗元代沉船打捞的元代磁州窑小罐相近

图 6-5 溯河口外海捞元代磁州窑白底黑花碗，这些海捞碗与辽宁绥中三道岗元代沉船打捞的元代磁州窑碗相近

图 6-6 潮河口外海捞元代磁州窑白底黑花盆

图 6-7 潮河口外海捞元代磁州窑白底黑花洗

图 6-8 溯河口外海捞元代磁州窑黑釉双耳罐

图 6-9 溯河口外海捞元代磁州窑酱釉瓶

图 6-10 潮河口外海捞元代磁州窑铁锈花束口盏

图 6-11 潮河口外海捞元代磁州窑黑釉线条纹碗

图 6-12 溯河口外海捞金元时期龙泉窑碗

图 6-13 溯河口外海捞元代龙泉窑盖罐

图 6-14 溯河口外海捞元代龙泉窑瓜棱纹大碗

图 6-15 溯河口外海捞元代龙泉窑高足杯

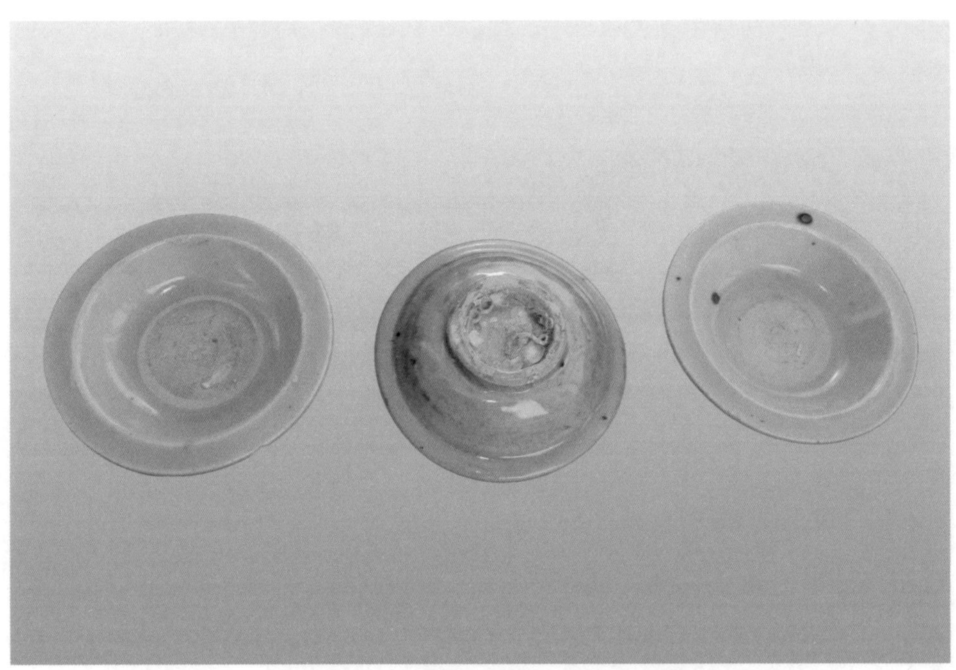

图 6-16 湖河口外海捞元代龙泉窑菊瓣纹笔洗

图 6-17 湖河口外海捞元代龙泉窑刻花洗

图 6-18 溯河口外海捞元末（明初）青花瓷碗

这些出水的元代瓷器，均没有使用痕迹。据蚕沙口村渔民介绍，很多瓷器品种都是成批出现的，只是散落在不同的渔户中，后被外地人买走。

此外，据蚕沙口村党支部原副书记、村主任田顺谦介绍，20 世纪 60 年代，村民田永志在其宅基地北侧挖土时，挖出了一缸古代瓷碗（现均已失），现在看应为窖藏瓷器。根据田顺谦对当时出土窖藏瓷器特征的描述，这些瓷器应为元代磁州窑酱釉铁锈花瓷碗（见图 6-19）。窖藏元代瓷器的出土，亦可为元代瓷器经蚕沙河口海河转运提供可靠佐证。

这些出水瓷器和窖藏瓷器可以证实：在渤海湾北线陶瓷之路上，还有一路在溯河口北上，经蚕沙口转运，再沿溯河、滦河漕运路线北上。这使蚕沙口成为渤海湾北路航线海上陶瓷之路的又一重要节点。

图 6-19 蚕沙口村原村主任田顺谦指认窖藏瓷器出土地点

西坑坨，从蚕沙河口入渤海南行 8 海里，西坑坨的西侧有一条由海通入溯河口的海底深槽，当地渔民称其为西坑口子。这西坑口子就是渤海湾北路航线上米艚、商船北上入溯河的必经之口。对此，《读史方舆纪要》载文：

由海通河者，自三岔口（直沽一带）河有三道，一由直沽经白河至通州……一由芦台经黑洋河蚕沙口、青河至滦州……是滦之槽……自辽西至北平无不过通者。

元人海运……海自天津而东北……又东为永平府滦州南境

（今曹妃甸区一带沿海）……又东经山海关而南接辽东界……古所谓渤海之险也。

在溯河口外海域，西坑坨是西坑口子（海底深槽）的参照物。而西坑坨是海中沙坨，随潮水涨落或隐或现。所以古代行船摸西坑口子这个海底沟槽很难。

西坑坨周边，古滦河入海冲积而成的无名沙坨较多，仅在西坑坨东西方向海域，就散落着东西一溜沙坨。从西往东依次有曹妃甸、腰坨、蛤坨、西坑坨、东坑坨，此外，还有大量无名沙坨隐于水下。当地渔民称其为“东西一溜岗子”。溯河口外，绵延20海里的这“东西一溜岗子”，大大小小、或隐或现，像卫兵守护在西坑口子两侧，关注着往来行船。这些海中沙坨，以曹妃甸沙岛为最大。曹妃甸岛距离海岸10.8海里，东距西坑坨约10海里。曹妃甸岛为海中孤岛，常水位下东西长3.5公里，南北约2公里。据《河北省海岸带资源综合评价与开发利用》载：

曹妃甸岛的外缘为侵蚀陡坎，本身为古滦河冲积体，后演变为脱离口岸的带状沙岛……曹妃甸周围水域宽阔，南面30米以上水深的水域长13公里，宽4公里，其余水域水深在20米以上；东西有一深槽，最深可达20米，水深在10米以上的水域长7.5公里，宽0.6 ~ 1.0公里。（见图6-20～图6-27）

图 6-20 1991 年笔者考察曹妃甸海中孤岛时所拍照片

图 6-21 1991 年笔者考察曹妃甸岛时在岛上航标灯塔前留影

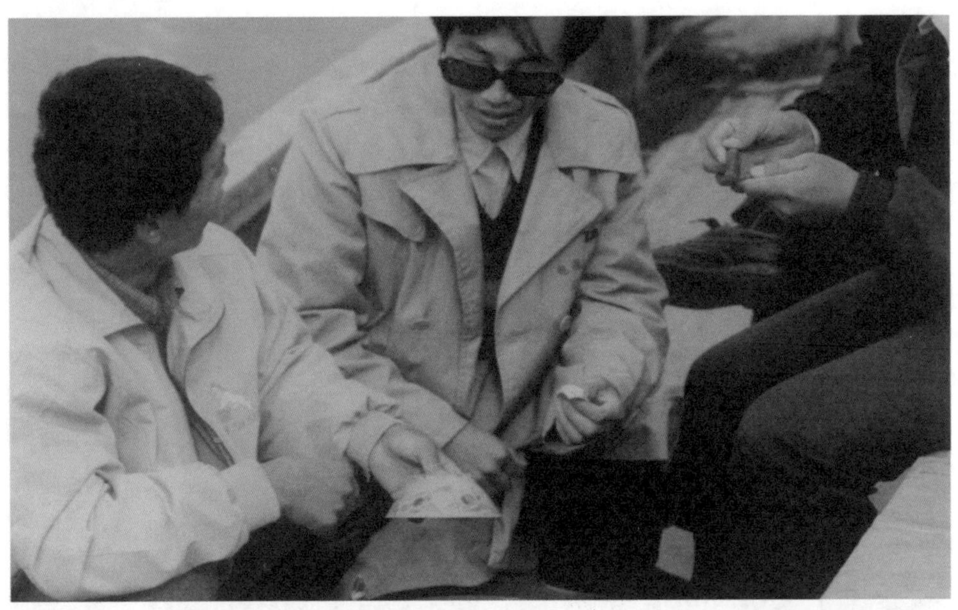

图 6-22 1991 年笔者考察曹妃甸孤岛时发现岛上存有唐宋以来的陶片、瓷片，图中展示为在岛上发现的明初青花瓷碗，左一为今唐山夷齐文化研究会李良戈会长

图 6-23 1997 年笔者再次乘渔船考察曹妃甸孤岛

图 6-24 1997 年笔者考察曹妃甸岛时登岛场景

图 6-25 1997 年笔者考察曹妃甸岛时岛上航标灯塔依旧

图 6-26 1997 年笔者考察曹妃甸岛现场

图 6-27 此照片右手边为曹妃甸岛南岸，由此向南即为渤海湾北路潮汐沟槽——老龙沟，水深 30 米

曹妃甸岛南缘临岸水深30米，航道畅通，古代渤海湾北路海运必经此地。相传，唐太宗李世民跨海东征高丽，曾有曹妃途中病殁，葬于岛上，并在岛上建曹妃大殿，无名孤岛由此得名。虽为传说，但曹妃大殿确已载入史志。所以，在渤海湾北路航线上，曹妃甸岛就成了古代海运的重要航标。南来北上漕船、商船，见到曹妃甸就可以去摸西坑口子了。然而自曹妃甸岛至西坑坨，短短十几海里，摸准这西坑口子却不容易。据朱永远先生在《曹妃甸》一文中介绍：

当地土著即熟悉海道者，虽百石粮船，群艨巨舰，由河口出入，如蚁穿九曲往来无碍。而不熟谙海道者，则如进“水八阵图”，百转而不得出。旧时，于地险风急浪高中，舟毁蒙难者亦不在少数。此地沿海渔民常说：“英雄并好汉，难过曹妃甸。”由是，南船望甸生愁，海客谈岛色变。

据了解，溯河口外，西坑坨海域和曹妃甸岛海域，出水了大量的海捞瓷，这些瓷器的出产年代，上至唐宋，下至元明清，涉及窑口众多，有江南的龙泉窑、建窑、景德镇窑，也有江北的磁州窑、钧窑、定窑等等。

为了进一步证实上述情况，笔者又走访了蚕沙口村渔民杨玉清（见图6-28）。据杨玉清介绍：蚕沙口村渔民，自古就在西坑坨一带海域捕捞。从西坑坨到曹妃甸的“东西一溜岗子”附近，村里下海拖网的渔船，曾经拉到了大量的瓷器，说明这一带古代沉船较多。他说，有一次，因为风大，他便驾驶自家渔船在西坑口子西侧就近拖网，结果，竟拉到成摞成摞的一批瓷碗。据他分析，这应是古代商船收沟（入溯河）时，不慎触了沙坨，大船搁浅，然后被海浪打碎，船毁人亡，船上载的瓷器也就沉在海里。那些成摞的瓷碗拉上船时，有的上面长满了蛤子，起码也有几百年了。他还说，从这个地点往东南二三海里远，就有古代沉船，人们从那里也拉到过很多瓷器。杨玉清还说，当年东坑坨至曹妃甸附近海域出水了很多古代瓷器。

图 6-28 蚕沙口村渔民杨玉清介绍西坑口子海域海捞瓷情况

东坑坨，位于西坑坨东约 7 公里，其实，东坑坨与西坑坨是在海中相连的东北而西南走向的带状沙坨，因为其地理位置靠近渤海湾较深的潮汐沟槽——老龙沟，所以 2010 年，唐山市将东坑坨与西坑坨相连的这条沙岛，命名为“龙岛”。

2013 年 10 月，中国渤海一号考古船对曹妃甸东龙岛一带海域沉船遗址进行考古调查，考古队运用“多束波”“浅地层剖面”“侧扫声纳”等海洋物探技术，结合人工潜水探摸，初步发现水下沉船2处，分别编号为东坨坑Ⅰ号、Ⅱ号沉船，并在一条沉船上发现了古代瓷器。考古队认为：“曹妃甸周边沉船事故主要原因是，受航行或风力影响，船只遭遇沙坨搁浅。”至于曹妃甸海域沉船遗址如何发掘和保护，专家们仍在研究中。但，这一带海域的古沉船应该不止这两处。据蚕沙口村民杨玉清介绍，南来商船驶入西坑口子，无非是想摸沟驶入蚕沙河口，要么避风，要么就是沿溯河北上。这些古沉船、古陶瓷集中存在于溯河口外西坑口子附近，证明元代吃水较深的粮船、商船只有摸到西坑口子海底深槽，才能由海路驶入溯河北上。

蚕沙河口西临直沽口、东望绥中三道岗，溯河口外西坑坨海域大量元代瓷器遗存的出现，使天津河西务漕港遗址、蚕沙口外西坑坨沉船遗址和绥中三道岗沉船遗址连成一线，证实了元代渤海湾北路陶瓷运输线的存在。这不仅契合了史料所载唐宋以来这一区域的海运活动历史，更证明了元代渤海湾北线陶瓷之路上蚕沙河口节点的存在。

二、蚕沙河口，海上陶瓷之路联结草原丝绸之路的重要节点

地处滦河“滦水之阳”的元上都，是元代早期的都城。

从1260年忽必烈建元中统到1279年南宋灭亡，近20年的时间里，元朝廷精心建造了繁华的上都城。这期间，中原地

区的粮食、布匹、瓷器等物品源源不断地运往上都，支撑了元上都的百官俸禄、民食调剂和军需支付。这期间，溯河连通滦河的漕运发挥了重要作用。这一点，笔者已在“元代溯河漕运考证”中论述。实际上，从蒙元初期 1230 年那颜倴盏随太宗窝阔台南征金汴京开始，溯河已支撑了南下大军粮秣运输，海河联运直抵中原。同时，亦将中原“好贿”“方物”和大量物资运回蒙古后方的上都城。从 1230 年算起，到 1279 年南宋灭亡，前后半个世纪中，溯河连通滦河的海河联运不仅完成了漕运任务，也为上都地区的经济发展做出了重要贡献。至元二十一年（1284）后，元朝大开海运，蚕沙口作为海河转运枢纽，更为上都城的繁荣和草原丝绸之路的繁盛提供了重要支撑。

关于草原丝绸之路，由于近五百多年来，此道渐渐被冷落，加之史料记载较少，导致人们对“草原丝绸之路”的历史了解不多。但是，随着国家“一带一路”倡议的提出，越来越多的人开始关注“草原丝绸之路”。这是一条从中国北方长城地带，经瀚海、出西域（新疆），通往中亚西亚的草原丝绸之路。

草原丝绸之路早在唐代就已畅通，五代之后，我国东北部的契丹族崛起，于 907 年建立了契丹王朝，之后通过南讨、北伐、东征，控制了北方草原。辽朝重视与西域诸国的贸易交往并施行“通贡”。如《契丹国志》所载诸小国贡进情况：

高昌国、龟兹国、于阗国、大食国、小食国、甘州、沙州、凉州，已上诸国三年一次遣使，约四百余人，至契丹献玉、珠、犀、乳香、琥珀、玛瑙器……契丹回赐，至少亦不下四十万贯。

东西方的频繁交流，使辽国成为联接东西的草原丝绸之路重要节点。

1005 年“澶渊之盟”后，辽与北宋在边境地区设置榷场互通有无，辽国和北宋之间一百多年的相对和平环境，使得两国之间贸易往来和文化交流频繁。时蚕沙河口海河联运繁忙，北宋生产的大量瓷器，由海路沿溯河、滦河北输，实际上，已经开辟了海河联运的陶瓷运输路线。这一点，蚕沙口村渔民 20 世纪 90 年代初从西坑坨海域打捞的宋辽时期龙泉窑双系水盂（见图 6-29）、宋辽时期钧窑大碗等，可以证实。

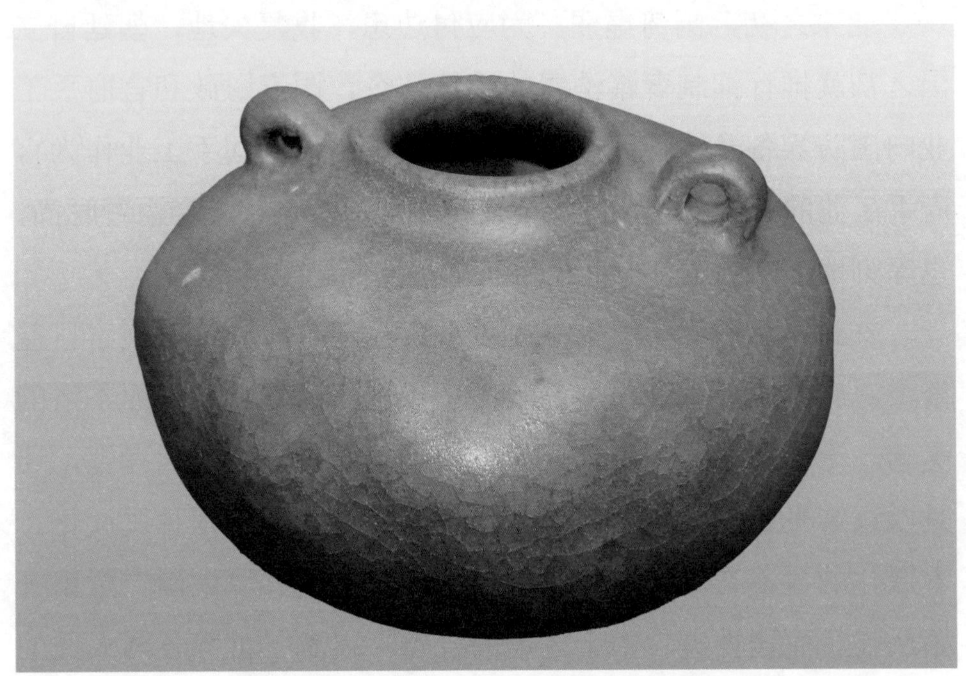

图 6-29 溯河口外渔民打捞的宋代龙泉窑双系水盂

此外，“南距海八里”、地处溯河下游的辽代城池“独莫城”周边出土的宋辽时期磁州窑大钵、辽三彩双耳罐，溯河上游小贾庄一带出土的大量的辽宋时期白釉大碗，以及溯河沿岸大量的磁州窑系、定窑系、钧窑系瓷器遗存，也能印证辽代海河联运北输中原瓷器的历史过程。大批的中原瓷器经溯河口北上，不仅促进了大辽国制瓷业的发展，也为草原丝绸之路注入了新的气息。

宋辽对峙时期，正是北宋制瓷业大发展的时期。曾经有一位古瓷鉴赏家在评价北宋瓷器时称：

仿佛经过五代十国的血雨腥风，中国人民的心情沉静下来了，澄汰了暄热的火气，如皎月当空一般的清朗。

北宋之初，国势虚弱。为应付边患，收复失地，朝廷自立国之初就推行抑制奢侈消费的政策法令，国家财政和官府手工业向国防兵备及国计民生方面发展。由是，民间手工业作为官府手工业的必要补充，得到了快速发展，影响了社会消费时尚，也深刻地影响到工艺产品的精神取向。

在这样的背景下，北宋制瓷业发展迅猛，官窑、民窑日益繁荣，瓷器产品呈现出一种美而不艳、华而不靡、简而不俗的美感。无论官窑还是民窑，无论是素洁无纹的白瓷、青瓷，还是以纹饰见长的磁州窑、耀州窑瓷器，都表现出那种民族化、本原化的含蓄、雅致与风骨。“中国”文化、“中国”意识开始凸显。而这种蕴含中土之风的瓷器，得到了世界各国人民的青睐，也同样得到了辽朝廷的喜爱。《辽史》记载：

天赞初，与王郁略地燕、赵，破磁州镇。

天赞二年秋，王郁及阿古只略地燕、赵，攻下磁州务。

燕赵之地为今河北省一带，当时燕赵之地的磁州、定州、邢州等地制瓷业极为发达。契丹铁骑在征伐中掠走了大批制瓷匠人，使辽代制瓷业得到较快发展，也客观上加速了民族融合的进程。随着辽代与西域交往频繁，使得植入了中土之风的辽瓷及中原瓷器，沿草原丝绸之路进入西域。

后来，金灭了辽，但瓷器生产作为一项重要的经济支撑，也被金朝高度重视。

两宋时期，不仅泉州、广州及明州（今宁波）的商船，通过南海航线，将中国的丝绸、瓷器等源源不断输往东南亚、印度及阿拉伯国家。这期间，北方的贸易港，虽为辽金所据，但也为中国与朝鲜、日本的瓷器贸易做出了贡献。金代时，中原地区生产的瓷器，承袭辽代海河联运路线由溯河口北上。这一点，溯河下游的廒上村渔民在西坑口子西侧海域拉到的宋金时期钧窑天青釉洗（见图6-30）、蚕沙口村渔民在西坑坨海域拉到的宋金时期磁州窑黑釉线条碗（见图6-31）等，均可证明。溯河沿岸及溯河流域大量的金代中原瓷器遗存，也可以证实。

辽金时期，溯河流域、溯河沿岸、溯河口外大量的中原窑口瓷器遗存，说明在两宋与辽金对峙时期，渤海湾北路航线上，由溯河口北上的陶瓷运输不仅存在，而且具有一定规模。这为之后元朝陶瓷由渤海湾北路经溯河、滦河北上打下了基础。

元代统一中国后，陆海畅达，海运成为国家要政，海外贸易又有长足发展，瓷器外销数量急剧增长。这一时期，草原丝绸之路发展繁荣达到顶峰。

草原丝绸之路既是传递政令、军令的重要通道，也是对外贸易往来的商贸通道，其西道“木怜”道，由“滦水之阳”的

图 6-30 廒上村渔民在西坑坨海域拉到的金代钧窑洗

图 6-31 蚕沙口渔民在西坑坨海域拉到的金代磁州窑黑釉碗

元上都西行经集宁路（今内蒙古集宁市）向西北延伸，是元代草原丝绸之路的主要干线之一。

这条干线，由于元朝海运的兴起，带来了自唐、辽、金之后，草原丝绸之路新的辉煌。这辉煌得益于溯河连通滦河漕运的支撑。关于这一点，笔者在第四章“辽金时期的溯河漕运”中曾有论述：辽太祖耶律阿保机于923年攻克平州后，于923年设置滦州永安军，溯河流域尽为滦州永安军治。实际上，从这一时期起，溯河漕运已经为草原丝绸之路联结海上丝绸之路创造了条件。

20世纪40年代末，溯河上游滦南县与滦县交界地带，农民挖菜窖时发现了辽代早期墓出土的一对孔雀蓝釉陶罐（见图6-32），有关学者认为，这对孔雀蓝釉陶罐应是唐五代时期西亚波斯生产的孔雀蓝釉陶器，应来自草原丝绸之路。

图6-32 溯河上游出土的五代时期波斯产孔雀蓝釉陶罐(一对)

这说明，在辽代早期，草原丝绸之路的文化因子已经渗透到溯河流域。

元朝开辟的海上新航线，使海船“自浙西至京师，不过旬日而已”，这一海上便捷新航线，使由南（江浙）至北（渤海湾大沽口、溯河口）的海上陶瓷之路开始形成，使产自江南窑口的瓷器，开始漂洋过海抵进溯河口，并沿溯河、滦河北上，输至漠北，融入草原丝绸之路，销往西域及欧洲国家。

这一观点，可以由溯河、滦河流域的瓷器遗存及元上都遗址、草原丝绸之路元代集宁路遗址考古发掘等信息分析证实。

20 世纪 90 年代初，滦南县柳赞镇蚕沙口村渔民出海捕鱼时，在溯河口外，西坑坨海域拉到了大量的元代瓷器。当时，船家只要有渔船拖网，就能拉到瓷器。自西坑坨至曹妃甸海域，出水瓷器之多，难以计数，涉及窑口几乎包括各大窑系。

20 世纪末至 21 世纪初，溯河流域亦出土了大量的元代瓷器。研究冀东古近代书画的著名专家张哲明先生，在其所著的《唐山古代陶瓷藏品》中，以图录形式展示了溯河流域遗存元代瓷器 120 多件，这也从另一个角度阐释了元代溯河漕运带给这一流域的陶瓷文化积淀。至今，溯河、滦河流域仍为北京、天津古玩界关注的中心。

此外，滦河流域的元代瓷器遗存，也可以从今迁安市博物馆、承德市博物馆等滦河沿岸城市博物馆藏品中探知。

此外，地处“滦水之阳”的上都，元代瓷器遗存比较普遍。

2016 年 8 月至 11 月，内蒙古博物馆、内蒙古文物考古研究所、锡林郭勒元上都文化遗产管理局、正蓝旗文物局四家单位联合对元上都遗址进行发掘时，发现了一批元代瓷器。据北京联合大学宋蓉在《元上都遗址出土瓷器相关问题研究》中介绍：

在元上都的四关、皇城城门以及宫城1号基址的发掘中出土了丰富的瓷器碎片，根据其形态特征，可断定为元代瓷器中常见器型，如盘、碗、罐、盆、高足杯等，应是当时上都居民日常生活中的习用器物。这些瓷器近半数可辨识窑口，主要产自龙泉窑、磁州窑、钧窑、景德镇和耀州窑。……元上都是一座商业繁荣的草原都城，这些来自南方的龙泉瓷、景德镇瓷和来自中原地区的钧窑、磁州窑瓷器进入了上都居民的生活中……而那些以元上都为中心辐射元代疆域的陆路、海路交通网络，为上都瓷器贸易提供了便捷的通道。

2002—2005年，国家文物部门对草原丝绸之路上的重要节点——内蒙古元代集宁路古城遗址发掘时，出土元代瓷器标本上万件。其中完整瓷器200多件，可复原瓷器7416件，还陆续出土了大量瓷器碎片。考古资料显示，这些瓷器涉及景德镇窑、龙泉窑、磁州窑、钧窑、定窑等七大窑系。据元代集宁路遗址考古队队长、内蒙古考古研究所所长陈永志推算：“从景德镇到位于漠北的集宁路，距离数千公里，人畜辗转运输，一路坎坷，保守估算所用时间至少三五年。”说明，当年这里的瓷器大多数应由水运而来。陈永志推断：“结合集宁路古城遗址出土的纪年瓷器，这些元代瓷器，最晚的年号为后至元（1335—1340）。”而这又契合了元代海运自后至元以后，由于南方诸省大规模农民起义爆发，于至正元年（1241）开始海运大减直至停运的历史过程。

瓷器为易碎品，在古代交通设施落后的情况下，人畜辗转长途运输，不仅时间漫长，而且极易损毁，成本昂贵。因此，在元代海运已然畅通的情况下，选择海运为主的方式长途运输南方瓷器，再经海河转运输至漠北是可行的。惜无史料记载。

值得注意的是，将这些瓷器，与出自溯河口外的海捞瓷比对，经考证，有相当一部分产自同一时代、同一窑口（见图6-33、图6-34）。

这说明，集宁路遗址出土的元代瓷器与溯河口外出水的元代海捞瓷器同出一辙。结合元上都遗址、集宁路遗址考古专家的推断，在元代，这些瓷器通过海河转运的方式运输至漠北是必然的。

区区一个集宁路古城遗址，面积仅1平方公里，遗存着如此众多的元代瓷器标本，说明这些瓷器非当地居民日用品，而是外销瓷器遗存。集宁路是元时草原丝绸之路上自上都西行的第一个“路”一级的行政区节点，是当时这一区域贸易往来的重要集散地。由此可以认为，集宁路在元朝时也是漠北规模较大的瓷器集散地。大量的中国瓷器从这里向西，走上了草原丝绸之路。

元代海运大开，开辟了海上陶瓷之路的南北航线。海河转运，使溯河连通滦河“漕连上都”的内河水道，将大批江南瓷器输至漠北，并通过草原丝绸之路行销西部国家。

溯河连通滦河的内河水道，像一条蓝色纽带，将集宁路与溯河口连接起来，使蚕沙河口成为元代海上陶瓷之路联结草原丝绸之路的重要节点。

图 6-33 元代集宁路古城遗址发掘的龙泉窑花口盘

图 6-34 溯河口外渔民拉到的元代龙泉窑花口碗

三、关于蚕沙河口海上丝绸之路节点申遗

元代时，支撑海上丝绸之路的主要大宗商品，已由丝绸转变为陶瓷，此时，海上丝绸之路又称“海上陶瓷之路”。

上文已论述，蚕沙河口既是渤海湾的天然“避风港”，又是元代海上丝绸之渤海湾北线海上陶瓷之路的重要节点。

从蚕沙河口外 8 海里的西坑坨，沿西坑口子深槽向北至蚕沙口元代古码头遗址，这十几公里长的溯河沿线，文物古迹较多：蚕沙口天妃宫、蚕沙古戏楼、蚕沙口元兵墓群遗址、蚕沙口古码头遗址、蚕沙河口外沉船及大量沉船瓷器遗存，加之已保存的拜访五里坨 91 岁津南航运社老船工、蚕沙口村渔民等鲜活视频资料，均可为蚕沙河口元代海上陶瓷之路节点申遗提供重要支撑。今五里坨至蚕沙河口段溯河原始故道犹存，西坑坨海域古代沉船尚未发掘，这些均为蚕沙河口海上丝绸之路节点申遗创造了条件。

曾延续了2000多年的海上丝绸之路带动了东西方文明和沿岸各国之间文化的碰撞与交流，推动了世界的进步与发展。近些年，笔者重点关注了海上丝绸之路申遗的进展情况，相关资料显示：1991年，联合国教科文组织对海上丝绸之路进行了综合考察。1992年，福建泉州开始筹划海上丝绸之路申遗，并于2001年上报国家文物局。2003年，国家文物局同意泉州、广州等地递交的捆绑申遗方案。2006年，泉州、宁波、广州三城列入海上丝绸之路世界文化遗产预备名单。自此至2014年，海上

丝绸之路申遗城市达到9个，申报遗产点50个。2016年9月，国家文物局召开海上丝绸之路申报世界文化遗产工作会议，明确泉州、广州、宁波、南京、漳州、莆田、丽水、江门8个城市共31个遗产点列入首批海上丝绸之路申遗点。2018年4月，在国家文物局的指导下，由广州市、宁波市、南京市共同发起，又有阳江、扬州、福州、蓬莱、北海、黄骅、汕头、三亚、湛江、潮州、南通、连云港、苏州、淄博、东营、威海、上海等24个城市共同签署了《海上丝绸之路保护和联合申报世界文化遗产城市联盟章程》。2015年5月，又有长沙和澳门加入海上丝绸之路申遗城市联盟，联盟城市扩大到26个。2021年11月，青岛、惠州加入海上丝绸之路申遗城市联盟，成员总数增至28个。2022年12月，又有香港、杭州、温州、茂名、佛山、钦州加入联盟，海上丝绸之路申遗联盟城市总数增至34个。其间，全国各地海上丝绸之路文化活动相继展开，海上丝绸之路博览会、海上丝绸之路文化诗词征集大赛、海上丝绸之路文化论坛等形式多样。政府部门已把申遗过程与经济社会发展、历史文化弘扬、名城保护建设、生态环境优化结合起来，形成了社会经济、生态文明、历史文化有机结合、和谐发展的伟大工程。当下，中国正在启动与东盟及世界各国共建二十一世纪海上丝绸之路的重大战略，海丝之路上曾经创下的海洋经济观念、和谐共荣意识、多元共生理念，将为国家发展战略再次提供丰厚的历史基础。

溯河，曾以其得天独厚的优势，见证了辽金元的漕运活动和历史演变，延续了唐五代至辽金元海上丝绸之路与草原丝绸之路的衔接，到元至元年间，溯河入海口蚕沙河口已成海河转运的重要枢纽、海上丝绸之路的重要节点。直到今天妈祖文化、妈祖信俗依然在曹妃甸一带沿海传承。

溯河的入海口——蚕沙河口，这个曾经在《读史方舆纪要》《畿辅通志》等典籍中重墨以记的天然港口，具备了海上丝绸之路节点申遗的必要条件。

蚕沙河口，因其在古代海运中的重要作用和历史功绩，终将被纳入海丝申遗的重要点位。

第七章 明代的潮河漕运

历代漕运的路线总是以王朝的政治中心所在地为转移，明代当然也不例外。

明初，定都南京，漕运以江南为主，各地漕粮由江、淮民运至京师南京。而北边的军饷、粮饷，则承元之故，即采取以海运为主、河运陆运为辅的方式。斯时，除海运仍为军运外，河运和陆运皆为民运。明初，北方大多数地区尚未解放，对于明太祖朱元璋而言，其心腹大患仍是逃亡至北方的元代残余势力，为此，他在巩固南方已有成果的同时，又派出大批军队北伐，因此，就必须解决北平、蓟州、永平、辽东等地军饷的供应问题。为保证北部戍边大军的后勤补给，明廷通过海运向永平、辽东等边镇运送大量漕粮等军需物资。史料记载的明洪武间“以靖海侯吴祯率舟师运粮以给辽东军饷……船三百五十只，岁运三十余万石”的史实，可以证实明初海漕的存在。另据《明太祖实录》载：

洪武六年十二月丙寅，命中书省臣定议北平各卫军士岁给布絮棉花钱米之例。于是验地远近分为四等：永平、居庸、古北口为一等；密云、蓟州次之；北平在城次之；通州、真定又次之。其所给高下以是为差。

可见明初永平防务之重要。时溯河一带为永平所辖，溯河漕运的主要作用，是转输从南方海运而来的粮草物资，以供军需，所以，明初溯河漕运依然繁忙。

据《复海运议》载，“洪武八年五月己巳，颍川侯傅有德奏请开挖青河、滦河故道以通漕运”。之后，见诸州府志的明初议修滦河、溯河以利漕运的记载就有三次之多。

蚕沙口村渔民在溯河口外西坑坨海域拉到的大量的明代初期青花瓷碗等，亦可佐证明初溯河漕运的存在。（见图 7-1 ～图 7-4）

图 7-1 溯河口外 20 世纪 90 年代初蚕沙口村渔民拉到的明初青花瓷碗（一）

图 7-2 潮河口外 20 世纪 90 年代初蚕沙口村渔民拉到的明初青花瓷碗（二）

图 7-3 潮河口外 20 世纪 90 年代初蚕沙口村渔民拉到的明初青花瓷碗（三）

图 7-4 溯河口外 20 世纪 90 年代初蚕沙口村渔民拉到的明初影青瓷碗

明代渤海湾北部地区的大规模海运自永乐始。永乐间，为迁都北京做准备，朝廷先后大规模营建北京城和修复元末淤塞的运河通道。这时北地需要的粮饷、军饷日益增加，因而溯河漕运就显得日益重要。至永乐迁都北京后，漕粮主要来源于东南六个“有漕省份”的“起运”田赋。《明经世文编》的记载清楚地说明了这一点：

漕转东南粟，以给中都（指北京）官，又转粟于边，以给（军）食。

文中“又转粟于边，以给（军）食”，指的就是供给北部戍边大军的漕粮。

夫东南财赋之来，有军运、有民运；军运以充六军之储，民运以供百官之禄。

亦说明，这一时期，潮河漕运的主要作用是为北部边区转输军粮。

明政府视漕运为“朝廷血脉”“治世之要务”，时潮河漕运更加重要。

永乐九年，会通河开凿成功后，运河漕运逐渐成为漕运的主要力量。此时，由海运而兴的潮河漕运开始减弱，但潮河对于南北贸易的支撑作用却在增强。此间，虽然朝廷制定了一系列严密的“漕规”，但明政府允许漕船带其他货物交易。据鲍彦邦的《明代漕运研究》载：

按着明朝规定，海船每只许带货物八十担，均可在沿途贸易。据估计，明代每年至少有二十多万担南方货物通过漕船运至北方地区，还不包括所谓“违法”的“附搭客商”的“私货”在内。显然，它的载运量较上述规定的要多。至于“回空运船”，虽然漕司明文禁止“揽载”，但实际上刚好相反。这些南回的漕船大多“豆数百担”，或则“枣数百包”等等。其运货量较之漕运数反加多，可见通过漕船南运的货物也是相当可观的。这表明，明初漕运对于南北商品的交流起到了促进作用。

明初，河海并运的漕运方式持续延续至永乐十三年，这期间潮河漕运以军粮转输为主。

大概是由于海运风险较大，明政府在修复会通河、开通南北大运河漕运之后，于永乐十三年（1415）正式罢除海运，专事河运。但明政府在“罢海运”的同时，保留了“遮阳总”海运。这又使潮河漕运得以延续。

关于“遮阳总”，据有关专家介绍：

遮阳总成立于永乐十三年罢海运之时，最迟在明万历初年废除。遮阳总是明代保留的唯一从事海运的机构。

史料载：

遮阳总之设自永乐十三年会通河成罢海运，唯存遮阳一总运辽蓟粮，至后尊行不改。

遮阳总的设立，使得北连滦河、南达渤海的溯河，在明永乐中期“罢海运”的大背景下，依然保持了漕运的延续。此间，随着溯河漕运活动的开展，民间商人开始更多地参与到海上贸易活动中来，虽然明政府厉行海禁，严禁民间商人通过海运走私，但受高额利润驱使，仍有很多人“宁杀其身”也冒死趋之。时溯河漕运已向商运转变。

20 世纪 90 年代初，蚕沙口村渔民在溯河口外西坑口子海域出海捕鱼时，拉到大量的明永乐、宣德至成化年间的青花瓷碗等明代早期瓷器（见图 7-5 ～图 7-7），便是最好的实证。这些海捞瓷与溯河上游小贾庄一带出土的明初青花瓷，器型、纹饰和青花用料方面基本一致，几乎出自同一窑口。则又可证实，这些瓷器自江南景德镇等地海运至溯河口后，经蚕沙口海河转运沿溯河滦河北上，或转陆路运至辽东。

由上文可以看出，明初至成化年间，溯河连同滦河的漕运，不仅为京边卫军粮饷及民食调剂提供了保障，也为南北之间贸易往来和经济文化交流做出了贡献，为明朝政府管理北部边区，巩固北地和东北的边防，发展统一多民族国家，在客观上发挥了一定作用。

图 7-5 潮河口外 20 世纪 90 年代初蚕沙口村渔民拉到的

明代早期青花瓷碗（一）

图 7-6 潮河口外 20 世纪 90 年代初蚕沙口村渔民拉到的
明代早期青花瓷碗（二）

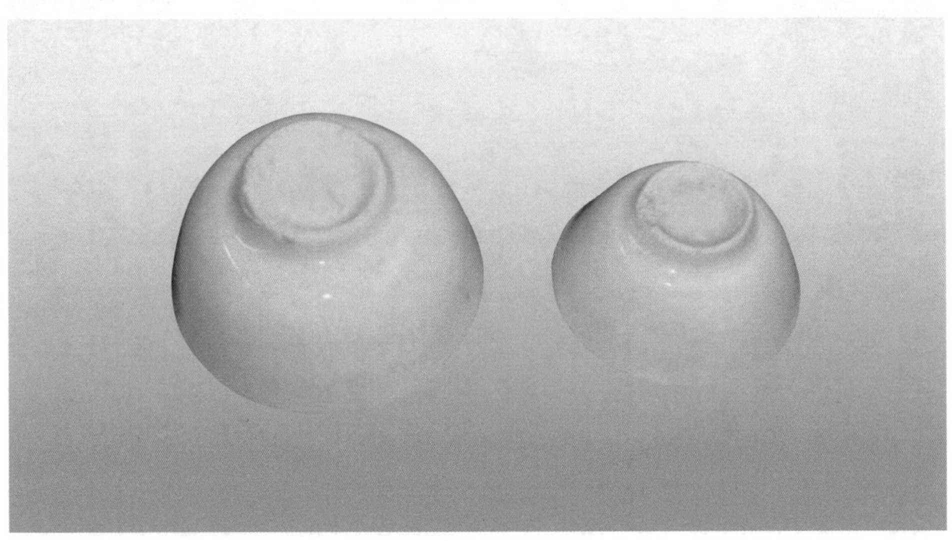

图 7-7 潮河口外 20 世纪 90 年代初蚕沙口村渔民拉到的
明代早期白釉碗

成化以后至隆庆，黄河为患日趋严重。其间黄河全流夺淮，内河漕运严重受阻。《明神宗实录》载：

国家运道，全赖黄河，河从北注，下徐、邳，会淮入海，则运道通；河从北决，徐淮之流浅阻，则运道塞。此咽喉命脉所关，最为紧要。

黄河的频繁决溢，给人民的生命财产带来灾难，也直接影响了内河漕运。成化十三年（1477），由于黄河泛滥，内河漕运“运船漂流（损失）粮米者，岁多于旧”（《明宪宗实录》）；弘治年间，徐州运京仓漕粮“为黄河漂溺者十六”（《明武宗实录》）；正德七年（1512），“运粮把总等主管漕运官员因漕粮漂流违例而被处分者达二百五十五人”（《明武宗实录》）；嘉靖二十一年（1542），据漕运总兵官顾寰报告：因黄河水患，“运船损坏千余（只）”（《明世宗实录》）；隆庆年间，漕粮漂流情况更为严重。史载“是年（隆庆四年）九月，河决小河口，自宿迁至徐（州）三百（里）皆淤舟，为逆流，漂损至八百艘，溺漕卒千余人，（漂）失米二十二万六千余石”（《古今治平略》）。时朝野震骇，这无疑会使北方政治中心的粮食供应告急。

在这样的背景下，成化至隆庆年间溯河漕运依然存在。“成化十七年，管粮郎中郑廉奏言，永平东盈仓可移置，而海运之粟可分贮，以便永平山海之饷。上可之，赐名丰盈仓。由庚水还乡河东导陡河，抵沙河，通陷河。”（《永平府志》）而陷河的下游就是溯河，可知这一时期溯河漕运的存在。

隆庆改元后，福建巡抚都御史涂泽民“请开海禁”，明政府随即批准，史称“隆庆开海”。这之后，明政府彻底抛弃了僵死的朝贡、贸易体系，海漕和民间海上贸易又开始逐渐繁荣。溯河漕运及商运再次繁忙。

明代中期，由于外销青花瓷的市场需求量很大，景德镇官窑生产的青花瓷远不能满足市场需求，各地民窑青花瓷相继生产，形成了“官民竞市”的局面。青花瓷的外销也出现了“官私并举”的风貌。

蚕沙口村渔民 20 世纪 90 年代初从溯河口外西坑坨海域拉到的大量的明中期青花瓷器，当是这一时期溯河商运的最好见证。（见图 7-8、图 7-9）

图 7-8 溯河口外 20 世纪 90 年代初蚕沙口村渔民拉到的明代中期青花瓷碗

图 7-9 潮河口外 20 世纪 90 年代初蚕沙口村渔民拉到的明代中期青花瓷酒杯

万历以后，海漕再次成为明政府主要的漕运方式之一，海运与河运并存。

史料记载，自从万历元年（1573），明政府便从山东沿海海运漕粮至直沽一带，至万历十六年（1588），由于倭奴侵据朝鲜，明政府遂又恢复海禁。但到万历中期“辽东兴兵”之后，情况又发生了较大变化。明政府为接济辽东急需的军饷，又加大了海运漕粮的力度。《明神宗实录》载，万历二十六年（1598）户部称：

东师大集，需饷甚急，山东、天津、辽东岁运各二十四万石，山东、天津则海运，辽东则水陆并运。

为接济辽东 18 万将士的粮饷，明政府将海运漕粮成倍增加。这一时期，史志上记载的明政府海运漕粮接济辽东军需的史料较多，至万历四十七年（1619），仍有“从天津截（粮）三十万石”（《明光宗实录》）海运至辽东的记载。

由于溯河口既是渤海湾北路航线的天然避风港，又是历来漕船沿溯河、滦河北上转陆路至辽东的必经之口，所以，这一时期溯河参与了“辽东兴兵”的漕运活动。这一点，可以由1990年蚕沙口村渔民在溯河口外西坑坨海域拉到的一批明代“灰弹”（见图7-10、图7-11）证实。

图7-10 蚕沙口村渔民在西坑坨海域拉到的明代“灰弹”

明代中期隆庆开海后，为防备倭寇袭扰，官兵押运的漕船上，均配备火炮，这种火炮使用的炮弹为“灰弹”。溯河口外海域渔民拉到的这批没有发射的完整的“灰弹”，说明漕船可能在这里遇难沉没，同时，也证实了这一时期溯河漕运活动的存在。

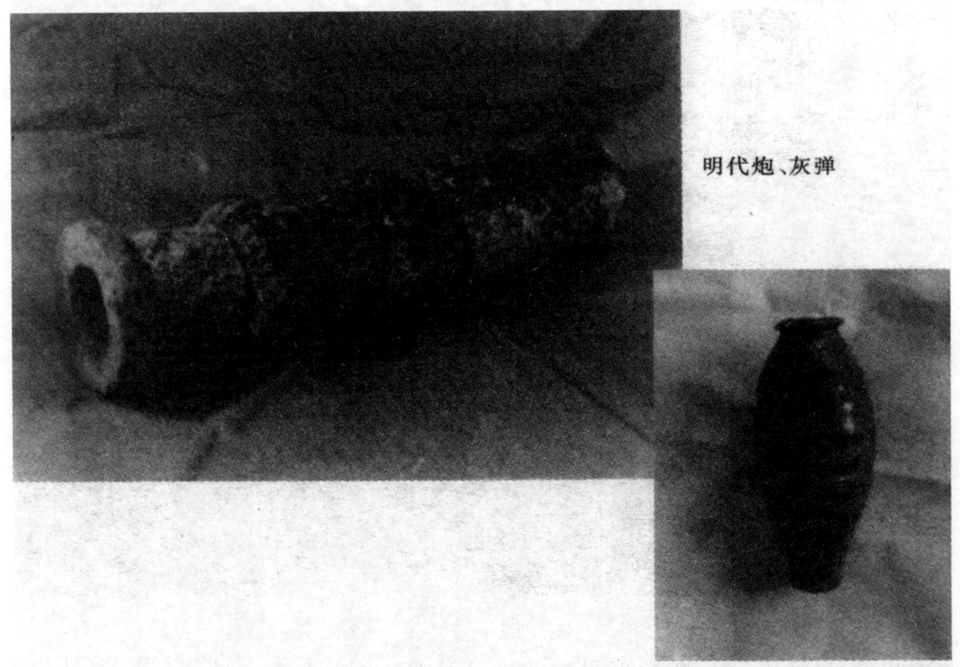

图 7-11 明代火炮和“灰弹”（选自《唐山历史写真》）

此外，滦南县溯河故道沿岸出土的《明寿官刘公墓志铭》也是这一时期溯河漕运的较好证据。铭文记载的明万历年间官府支持溯河流域义士刘公（后泉）复开山东至滦州南境之海漕的史实，记录了明代万历年间溯河漕运活动的存在。现节选铭文如下：

万历乙亥，总督军门刘公、巡抚杨公重边储，议开海运，后泉曰，此吾祖父之志也，吾当成之，遂条上其事。刘公、杨公皆曰，汝于古有考证乎？后泉曰，“云帆转辽海，粳稻来东吴”，此杜子诗可据也。刘公、杨公曰：真隐君子也。使漕时遇主，与秉竿拥筑之流垂声迈烈，又何让焉……

铭文中还记载了由于刘后泉漕运有功，“郡大夫优冠带以荣其寿”的情况。（见图 7-12）

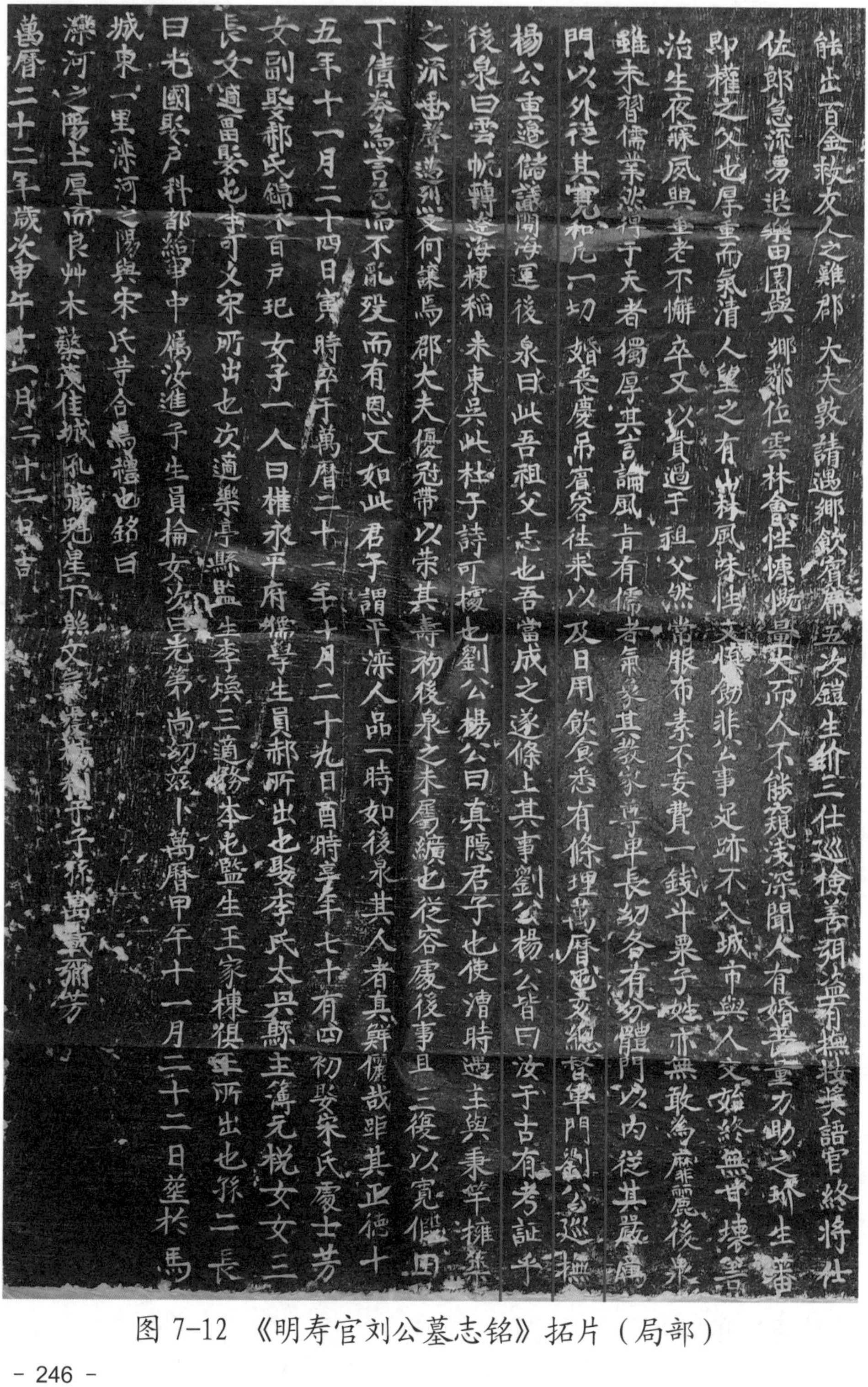

能出百金救友人之難郡大夫敦請遇鄉飲賓席五次鎧生針三仕巡檢善預溢有撫按奨語官終將仕
佐郎急流勇退樂田園與鄉鄰位雲林會性慷慨量大而人不能窺淺深聞人有婚喪量力助之孫生蕃
即權之父也厚重而氣清人望之有山林風味性文慎飭非公事足跡不入城市與人交始終無替壞善
治生夜寐夙興垂老不懈卒又以貴過于祖父然常服布素不妄費一錢斗粟字姓亦無敢為靡麗後泉
雖未習儒業然得于天者獨厚其言論風旨有儒者氣象其教家尊卑長幼各有分體門以內從其嚴肅
門以外從其寬和凡一切婚喪慶吊賓客往來以及日用飲食悉有條理萬曆己亥總督倉門劉公巡撫
楊公重遵儲議開海運後泉曰此吾祖父志也吾當成之遂條上其事劉公楊公皆曰汝于古有考証乎
後泉曰雲帆轉遼海粳稻來東吳此杜子詩可據也劉公楊公曰真隱君子也使漕時遇主與秉笔摛藻
之流亜擧遺烈又何讓焉郡大夫優冠帶以榮其壽初後泉之未屬纊也從容處後事且二復以寬假[illegible]
丁[illegible]券為言[illegible]而不亂殁而有恩又如此君子謂乎灤人品一時如後泉其人者真鮮儷哉距其正德十
五年十一月二十四日寅時卒于萬曆二十二年十月二十九日酉時享年七十有四初娶宋氏處士芳
女副娶郝氏錦衣百戶玘女子一人曰權永平府儒學生員郝所出也娶李氏太學縣主簿元桄女女三
長女適雷聚屯李可義宋所出也次適樂亭縣監生李煥三適務本屯監生王家棟俱郝所出也孫二長
曰光國娶戶科都給事中儲汝進子生員掄女次曰光第尚幼茲卜萬曆甲午十一月二十二日塟於馬
城東一里灤河之陽與宋氏并合焉禮也銘曰
灤河之陽土厚而良艸木蘩茂佳城孔臧魁星下照文氣還[illegible]利于子孫萬載彌芳
萬曆二十二年歲次甲午十一月二十二日吉

图 7-12 《明寿官刘公墓志铭》拓片（局部）

这件明代万历二十二年（1594）由山东监察御史韩应庚所撰之墓志铭，应是明代后期溯河漕运的历史写照。该墓志铭由山东青州府沂水县知县魏可简篆刻，亦应是沿漕运路线运至溯河沿岸刘后泉故里的。

此后，泰昌、天启、崇祯年间，有关海运漕粮之事多有记载。泰昌元年（1620），从山东“海运六十万石”（《明光宗实录》）、直沽“截漕二十万石”（《明光宗实录》）往辽东；天启七年（1627），“截漕粮接济宁锦，发过津帮船一百六十只，载粮十一万一千二百七十三石七斗，淮帮船一百二十只，载粮八万八千七百二十六石三斗，通共粮二十万石，共用船二百八十八只”（《明熹宗实录》）；崇祯二年记载，每年“军运十万（石）”往辽东。

实际上，万历之后至明晚期，溯河漕运也一直为接济东线大军之军需发挥着重要作用，直至明朝国灭。

此外，溯河口外西坑坨至曹妃甸海域，蚕沙口村渔民于20世纪90年代初，拉到的大量的明代晚期的瓷器遗存，又证实了这一时期溯河商运的存在。（见图7-13～图7-15）

正如许之衡《饮流斋说瓷》所云：

盖瓷虽小道，而于国运世变亦隐隐相关焉。

图 7-13 溯河口外 20 世纪 90 年代初蚕沙口村渔民拉到的明代晚期青花瓷碗

图 7-14 潮河口外 20 世纪 90 年代初蚕沙口村渔民拉到的明代晚期青花瓷碗、青花瓷盘、霁蓝釉碗

图 7-15 笔者家传的明末 24 方位单针航海罗经

溯河口外西坑坨南侧渤海湾北路航线

（笔者拍摄于 2022 年 5 月）

第八章 清代以后的潮河漕运

清朝统一中国后，为了防止郑成功抗清力量与内地抗清力量发生联系，清政府承袭明代海禁制度，于清初顺治十二年（1655）全面海禁。

康熙亲政后至雍正，虽然海禁有些松动，但此时潮河漕运已不再繁忙，南来商船减少。此后一个多世纪中，潮河漕运及转运枢纽逐渐萧条。

嘉庆八年（1803）十一月，黄河河南段决口，嘉庆帝下令江浙地方官员商议漕粮转海运，但因支持海运和反对海运者各执一词，终嘉庆一朝，海运未成。至道光朝，河运与海运的争论更加激烈，此间，漕粮北运逐年减少，京师面临粮荒。

道光四年（1824），黄河高家堰决口，运河受阻，漕粮无

法北运，导致京师粮食供应危机。道光五年（1825），道光帝不得已下令筹议海运。（见图 8-1）

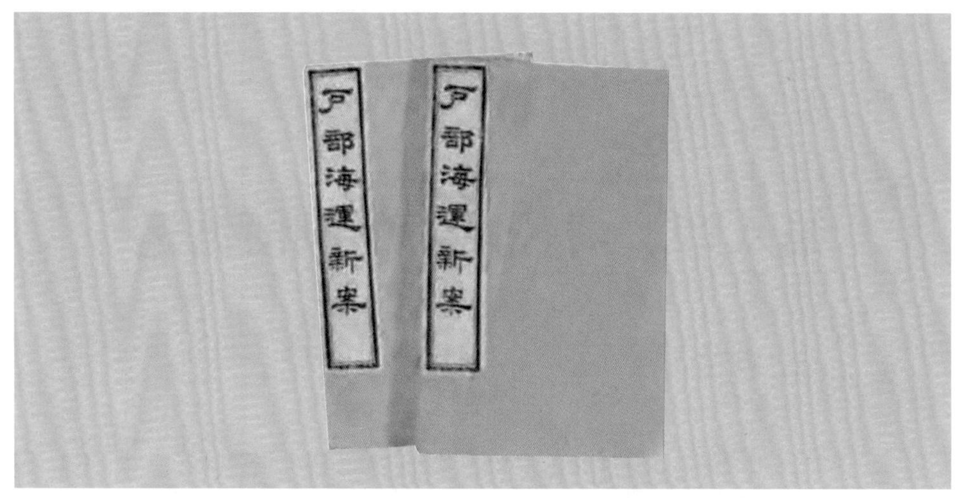

图 8-1 清代《户部海运新案》

至道光六年（1826）、道光二十八年（1848），清政府两次试行漕粮海运，溯河漕运逐渐复苏。

咸丰五年（1855），由于太平天国运动兴起并建都南京，使得清朝的京杭大运河大动脉彻底阻塞，于是咸丰帝下诏再兴海运。

溯河下游遗存的带纪年的清“戊午”年即咸丰八年（1858）烧制的磁州窑青花开光人物纹大缸，亦是这一时期溯河漕运的佐证。（见图 8-2）

同治以后，海运又成为漕粮运输的主要方式。随着海运复开和海漕的兴起，溯河漕运、溯河商运又迎来了新的生机。（见图 8-3 ～图 8-5）

图 8-2 清咸丰年间漕运而来的磁州窑青花开光人物纹大缸

图 8-3 湖河口外出水的清代晚期青花大盘（一）

图 8-4 湖河口外出水的清代晚期青花大盘（二）

图 8-5 笔者收藏的廒上村清末民国时期漕船使用的罗经

载入清光绪《永平府志》的记录清朝同治年间官府组织百姓大规模疏浚溯河漕运故道的《河流顺轨歌》，就是清代晚期重兴溯河漕运的最佳见证。

《河流顺轨歌》，乃同治年间主管溯河漕运的滦州通判侯焕尧所作，该诗记叙了侯焕尧现场指挥百姓，疏浚溯河中下游孙家坨至蚕沙口段漕运故道的历史事件。现全文载录如下：

青滦怒激波涛骇，排山倒峡趋辽海。
平原浩浩走狂澜，田庐顷刻沧桑改。
唐代曾开古运河，上流泝陷回清波。
马城云是古时县，东引滦水驱蛟鼍。
乱山回绕卢龙塞，榆关控制戎胡界。

沧溟转粟充军储，水运至今何可废。
元明之际屡议修，相地建闸蓄微流。
不特借此利舟楫，水旱启闭应无忧。
年深岁久河形塞，帆樯浅滞行不得。
菰蒲萦绕沟港歧，萑苇雍闭泥沙隔。
夏秋盛涨水南趋，下湿俨然成巨泽。
微官分驻东海滨，沉沦昏垫悲吾民。
其鱼之叹所不免，疏浚何敢辞劳辛。
建议之时岁在酉，语我农民计长久。
导流始自孙家坨，疏通直达蚕沙口。
万二百丈亲堪量，六十余里长河走。
乡民踊跃相欢呼，四人一丈争挑淤。
土中时有古钱出，年号字迹全模糊。
河底才深三四尺，以土培堤俨如壁。
水面依然三丈宽，一痕风皱浪花碧。
中有大泽波溶溶，佥云或是蛟龙宫。
老鱼倔强时作怒，嘘气鼓浪乘长风。
长官不敢言驱鳄，只凭一点诚心格。
召我乡农万锸挥，下段疏通水自涸。
古铁销沉土花紫，应是船锚坠于此。
残砖碎石纷嵯峨，前朝闸坝留遗址。
蛰龙蜕骨如何年，知而隐约断复连。
土人宝作药笼物，一时四境争相传。
自来治水如治病，药石针砭随厥性。

咽喉顺利尾闾通，四体冲和神自定。
又如大将将奇兵，扼要截险列重营。
迎刃而解如破竹，中坚已拔渠魁惊。
此役本是乘农隙，先浚海滩齐努力。
洪涛万丈落沧瀛，一线潮头竹箭急。
事竣咸归别驾功，别驾何功咸尔绩。
尔田尔宅庆安澜，从兹不畏青滦溢。
谱作河流顺轨歌，江淹尚有生花笔。
（自注云：龙骨一具长二三里）

此后，溯河漕运遂以为常，至清终而不罢。

民国时期，时局动荡。由于清末统治者对漕运的整治与管理日渐废弛，至民国年间，溯河漕运渐衰，但溯河舟楫仍通，亦可航行吃水较浅的商船。

2014 年，渤海 1 号中国考古船在溯河口外东坑坨海域发现的清末民国时期的铜皮夹板沉船（货船），可证实清末民国年间渤海湾北路及溯河航运的存在。同时，随着封建王朝的覆灭，漕运作为封建王朝的经济制度不复存在，溯河漕运也被航运取而代之。而溯河航运的发展，又促进了民国年间溯河流域乃至滦县全境的商业繁荣。据民国年间编《滦县志》载：

以致舶来货品日益增加，蕞尔滦邑，仍为列强销货之商场。……销售尚称畅旺，物品舶来者居半。

笔者在溯河下游寻访中，五里坨航运老船工张兰荣介绍的“津南航运社”就是民国时期溯河航运的真实写照。

民国年间，孙中山先生《建国方略》中更是对这一区域高度关注：

……兹所计划之港，在大沽口秦皇岛两地之中途，青河滦河两口之间……使之为深水不冻大港……为世界贸易之通路。

民国年间，溯河漕运虽已淡化，但其独特的自然地理优势，及其宋元以来渤海湾北路航线的重要节点作用和港航价值，依然被引起重视。

今日之曹妃甸，巨轮游弋，已建成令世人仰目之东方大港。然而，溯河却随着漕运古河道的淤塞，渐渐地默默无闻了。

溯河漕运，在秦汉以来两千多年的漕运活动中，为中原王朝征服北线、东线游牧民族袭扰，做出了重要贡献；为中原民族与游牧民族的融合，架起了桥梁和纽带；为溯河、滦河流域的经济发展、社会进步和文化繁荣，提供了重要支撑。

溯河虽隐，却不曾远去。溯河漕运，当铭于志，存于史，传于世。

后　记

这部作品的付梓，了却了我的一桩心愿。

20世纪80年代末，柳赞镇蚕沙口村渔船拖网作业拉到了大量古代瓷器，引得北京唐山一带古玩贩子南下蚕沙口，走村串户收购瓷器。我是蚕沙口村人，当时在县委宣传部工作。1991年回老家过年时，看到散落在渔家的各式瓷器，着实令我震惊。生于斯，长于斯，从小到大，我看惯了归帆落日、渔舟唱晚，听惯了渔家故事、赶海趣闻，却从未听说过渔船出海作业拉到大量瓷器。这些瓷器来自哪里？产自哪个朝代？为何在这一海域出现？于是，我收藏了一些瓷器，以备研究。

我的祖上，自明初永乐年间从山西山后陆州迁至蚕沙口定居后，世代以下海捕鱼为生。我的父亲，自打我记事起就是村生产队的船长，直到1984年渔村实行“船网作价归户”的改革后，60多岁的他才从船长岗位上退下来。我的家，在妈祖庙的西北侧，我们村的小学坐落在妈祖庙的旧址。小时候，我经常在放学后，站在学校西边，凭着高高的土丘，眺望远方由海上而来的“篷花”（船帆），等待父亲驾驶的渔船平安归来。母亲曾给我讲过：有一次父亲在渔船返航中不幸被“舵压”（操作船舵的横杆）掀入海中，当时船上的伙计们都在船舱里，等一个伙计上来后，发现驾长（船长）不见了，立马招呼大家。都说海上无风三尺浪，可就在那一刻，却出现了一片镜儿海，借着西下的夕阳，大家看到，不远处有一只拳头举在水面，立马撒开“划子”（舢板）冲过去，把父亲救了上来。村民们说，是海神娘娘派神龟相助，父亲才幸免于难。但父亲对此事却从不提起。

渔家的故事总会伴生渔家的文化，这种特殊的文化，就像空气，让这一带靠海为生的渔民们看不见、摸不着、离不了。

或许是对家乡历史文化的情怀使然，从1991年的那个春节起，我便决定对这些海捞瓷一探究竟。

今天看来，当年这里的海捞瓷，应该叫沉船瓷，其大多出自湖河口外西坑坨海域，囊括唐宋元明清各代，且涉及窑口众多，江南的龙泉窑、德化窑、建窑、景德镇窑，江北的磁州窑、钧窑、定窑……单色瓷、青花瓷，外销瓷、贡御瓷，林林总总，这跨越千年的瓷器遗存，揭开了湖河漕运的神秘面纱。

三十年来，我从对海捞瓷的好奇，到对古陶瓷的收藏，进而发展到对湖河漕运的研究。工作之余，我于史志和地方文献中细致爬梳，从考古资料、遗址遗迹中分析印证；我踏察湖河故道，寻访知情耆老，搜集民间遗存，力求拂去历史封尘，还溯河漕运一个清晰脉络。

其间，缘于对家乡历史文化的热爱，我多次呼吁对溯河漕运历史文化深入发掘。

精诚所至，终有所得。2022年2月24日，中国保信集团总裁姚义纯先生邀我到北京曹妃甸国际职教城学术交流中心，听取了我对溯河漕运的研究考证报告，提议将发掘溯河漕运历史文化列入唐山海运职业学院课题研究计划。

2022年4月10日，唐山市委常委、曹妃甸区委书记侯旭同志邀请我到曹妃甸区，专题座谈了溯河漕运历史文化研究项目，调研了由曹妃甸岛至西坑坨再至蚕沙河口的古代海河联运航线及西坑坨海域古代沉船遗址，探讨了溯河漕运历史文化发掘相关事宜。

2022年5月31日，《唐山海运职业学院关于发掘溯河漕运历史文化相关事宜的报告》，得到了曹妃甸新城管委会的正式批复："同意唐山海运职业学院按照尊重历史、保护文物的原则发掘溯河漕运历史文化，谋划实施曹妃甸溯河漕运历史博物馆，将申遗过程与曹妃甸历史文化弘扬、文旅事业发展结合展现。"

2022年6月，中国保信集团与唐山海运职业学院联合成立溯河漕运历史文化发掘项目推进工作组。

2023年5月，"溯河漕运文化发掘及保护研究"课题被选入《河北省2023年度社科基金项目选题指南》。

党的十八大以来，习近平总书记多次就文化遗产保护工作做出重要指示、批示。多次在不同场合阐述中华优秀传统文化的意义。党的二十大更将“传承中华优秀传统文化”写进全会报告。

曹妃甸区委、区政府发掘溯河漕运历史文化的决策，契合了新时代的脉搏；中国保信集团、唐山海运职业学院适时启动溯河漕运历史文化研究项目，亦是功德无量之举。

溯河是一条天然的河，其有着大江大河的共性，也有着自身的殊性。她从殷商走来，孕育了流域内上古时期的灿烂文化和古老文明；她以“铜帮铁底运粮河”著称，见证了秦汉至辽金元明清的历史演变；她独流入海，在历史演变中积淀了溯河漕运的漫长过程和丰富内涵，接纳了政治、经济、文化等多元的复杂体系。两千多年的溯河漕运活动所伴生的地域文化，铸就了溯河流域独特的文明谱系，成为冀东大地上千年流淌的文化血脉，值得史学工作者和溯河儿女的探讨。

溯河漕运，不仅为中原王朝抵御北方少数民族侵扰做出了贡献，也为游牧文化与农耕文化的交融提供了支撑，更为我国古代南北地区贸易往来和文化交流发挥了重要作用，促进了溯河流域、滦河流域的经济、科技、文化发展和社会进步。

近年来，随着大运河申遗工作的成功，学术界对漕运文化的研究明显增多，但对北方漕运文化的研究相对较少，对溯河漕运文化的系统研究，尚属空白。溯河漕运的历史文化，应是由社会、经济、自然环境和漕运活动等构成的多元文化体系，而发掘和弘扬溯河漕运历史文化，则更应找准其时代价值内涵，从而推动遗产保护和文化资源的整合、开发、利用。

这部作品在重要关节的思考中，得到了滦南中华文化促进会传统文化研促会会长、文史学者朱永远先生的醍醐励助；在溯河源流考证中，得到了《唐山劳动日报》原总编辑、冀东文史研究著名学者张哲明先生的点拨指教；在地方文献和藏品征集中，得到了滦南县税务局原副局长、浅绛彩瓷研究学者陈树群先生的热心帮助；在选题、定位等方面，得到了中国保信集团总裁姚义纯先生的帮助支持。我谨向他们表示衷心感谢。

作为地方文史研究的业余学者，我将方方面面的素材整理缀合成这部作品，错漏之处，在所难免，诚望读者批评指正。希冀更多的专家学者、有识之士，关注、参与、支持溯河漕运历史文化的发掘与保护，使其成为区域可持续发展的重要文化资源。

未来建树仗群才。

田顺凯

2022 年 10 月 6 日，初稿完成

2023 年 5 月 26 日，修改于北

京曹妃甸国际职教城学术交流中心